VEX IQ 机器人
从新手到高手

搭建、编程与竞赛

王雪雁　贺敬良　郝南海　编著

U0388302

化学工业出版社

·北京·

本书根据编者多年机器人教学和指导比赛的经验，以实例方式系统介绍了VEX IQ机器人套件的零件种类、规格以及特性，列举了简单静态结构搭建实例，讲解了机械传动的基本原理和搭建技巧，VEX IQ各种传感器的基本原理和应用，典型VEX IQ机器人搭建与编程，以及VEX机器人竞赛介绍和竞赛机器人的搭建步骤。

本书旨在引导学生开放思维，打开自己的创意空间，跳出"千机一面"的束缚，设计出与他人不一样、更优秀的机器人。

本书可以作为VEX机器人初学者用书，也可以作为教师参考用书，以及学校开展机器人教学的教材、创客教育的认证教材等。

图书在版编目（CIP）数据

VEX IQ机器人从新手到高手：搭建、编程与竞赛/王雪雁，贺敬良，郝南海编著. —北京：化学工业出版社，2019.1（2020.11重印）
ISBN 978-7-122-33286-8

Ⅰ.①V… Ⅱ.①王… ②贺… ③郝… Ⅲ.①机器人-设计 Ⅳ.①TP242

中国版本图书馆CIP数据核字（2018）第258363号

责任编辑：王 烨　　　　　　　　　文字编辑：陈 喆
责任校对：杜杏然　　　　　　　　　装帧设计：刘丽华

出版发行：化学工业出版社（北京市东城区青年湖南街13号　邮政编码100011）
印　　装：北京虎彩文化传播有限公司
710mm×1000mm　1/16　印张15¹/₂　字数226千字　2020年11月北京第1版第2次印刷

购书咨询：010-64518888　　　　　　售后服务：010-64518899
网　　址：http://www.cip.com.cn
凡购买本书，如有缺损质量问题，本社销售中心负责调换。

定　　价：69.80元

前言

　　VEX机器人大赛又称VEX机器人世界锦标赛，在中国的选拔赛级别有区域赛（华北赛区、华南赛区、北京赛区、西安赛区等）、中国赛、亚洲锦标赛和世界锦标赛。

　　VEX机器人世界锦标赛于2007年在美国创办，每年吸引着全球30多个国家、上百万青少年参与选拔，角逐参加总决赛的荣誉席位。这是一项旨在通过推广教育型机器人，拓展小学生、中学生和大学生对科学、技术、工程和数学领域兴趣，提高并促进青少年的团队合作精神、领导才能和解决问题能力的世界级大赛。VEX机器人世界锦标赛针对不同组别有不同等级的竞赛项目，每年获得大赛认可、取得奖项的学生，在申请出国留学时占据更多优势。大量的国家支持、雄厚的企业赞助，使该赛事更具规模性和全球范围的认可度。通过大赛的实践，能够使学生在基本生活技能、合作和思维能力、项目管理和交流等各方面更为成熟，进一步拓宽视野，激发潜能。

　　2017—2018VEX机器人世界锦标赛共吸引全世界46个国家的25000名学生、教育者及家长来到美国肯塔基州路易维尔市。从一开始的20000多支赛队，经过1700多场赛事的激烈角逐，最终有1648支赛队赢得VEX机器人世锦赛的比赛资格。闭幕式上，吉尼斯世界纪录认证官公布，2017-2018VEX机器人世锦赛凭借1648支赛队再次刷新世界纪录！

　　本书根据编者多年机器人教学和指导比赛的经验，以实例方式系统介绍了VEX IQ机器人套件的零件种类、规格以及特性，列举了简单静态结构搭建实例，讲解了机械传动的基本原理和搭建技巧，VEX IQ各种传感器的基本原理和应用，典型VEX IQ机器人搭建与编程，以及VEX机器人竞赛介绍和竞赛机器人的搭建步骤。本书的编程平台采用ROBOTC for VEX Robotics软件，这是美国卡耐基梅隆大学专门为中小学开发的一种简易机器人编程软件。

本书可以作为VEX机器人初学者用书，也可以作为教师参考用书，以及学校开展机器人教学的教材、创客教育的认证教材等。

本书由王雪雁、贺敬良、郝南海编著。邱景宏、杨冬梅也为本书编写提供了很多帮助，在此表示感谢。

由于编者水平有限，书中难免存在疏漏和问题，恳请广大读者批评指正。

编　者
2019年3月于北京

目录

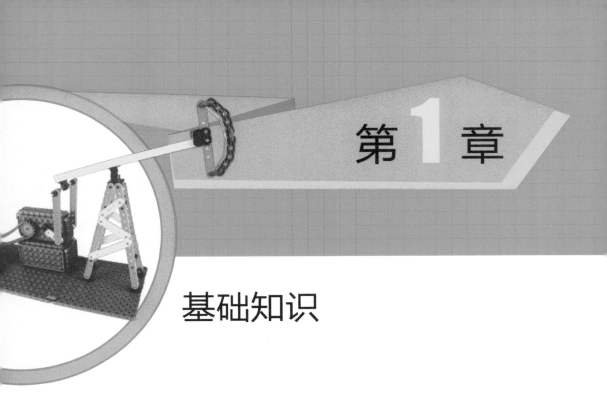

第**1**章

基础知识

VEX IQ是由美国著名的Innovation First International, Inc. 公司推出的塑胶积木式机器人，是一项全面培养青少年进行STEM（科学、技术、工程、数学）团队竞技活动的优秀平台。

VEX IQ 机器人具有丰富的组件，可操作性和灵活性极强，可引导青少年用简单的器材，将美好的想法变为现实，创作出复杂的作品，因此广受青少年的喜欢。

VEX IQ 机器人可与乐高 EV3、BDS 智能机器人、VEX 金属机器人前后紧密衔接，课程循序渐进，尤其强调团队合作，数人一组，互相配合，可培养孩子们的团队合作意识。

1.2　认识VEX IQ基础元件　◀◀◀

▶ 1.2.1　结构件

VEX-IQ各类结构件（图1.1）设计简单，容易使用，无需任何工具即可相互扣合组装和搭建，而且组装搭建出来的模型非常容易修改。

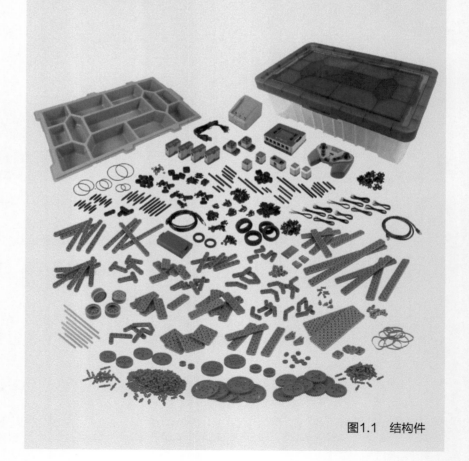

图1.1　结构件

⊞ 1.2.2 传动件

VEX IQ 各类传动件如图 1.2 所示。

图1.2 传动件

① 链轮（图 1.3）和履带（图 1.4）。链轮和履带可组装链传动装置，实现远距离动力传输。链轮包含 8 齿、16 齿、24 齿、32 齿、40 齿和对应链条。

图1.3　链轮

图1.4　履带

② 带（橡胶带）和带轮（图 1.5）依靠摩擦可实现远距离平稳的动力传输。带轮外径有 10mm、20mm、30mm、40mm 等。橡胶带的直径有 30mm、40mm、50mm、60mm 等数种。

图1.5　带轮

③ 齿轮（图 1.6）、齿条、蜗轮蜗杆支架和线性滑动件，可组装出复杂的传动。圆柱外齿轮分齿数 12、36、60 等数种。齿冠齿轮齿数 36 齿。

图1.6　齿轮

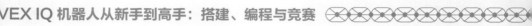

④ 不同长度的连接轴（图 1.7），可用作动力传输件、支撑件。连接轴包含 2 倍间距轴、4 倍间距轴、6 倍间距轴、8 倍间距轴。

图1.7 连接轴

⑤ 连接件（图 1.8）用于 VEX IQ 结构件的连接组装，类似于销。连接件无需工具便能进行拆卸。连接件包含 1×1 连接件、1×2 连接件和 2×2 连接件。

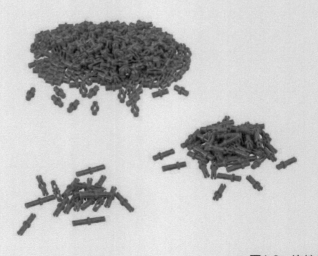

图1.8 连接件

⑥ 不同规格尺寸的轮胎和轮毂（图1.9）。轮胎规格尺寸分为100mm、160mm、200mm和250mm等。

图1.9　轮胎和轮毂

⑦ 轮毂上镶嵌了一些小轮的双排万向轮（图1.10），在正常向前滚动的同时，还能在车轮转向时，在小轮辅助下，消除侧向摩擦，也就是说，这种车轮在转弯时不会打滑及产生大的侧向阻力，利用这种轮子，机器人转弯更加灵活。

图1.10　双排万向轮

▶ 1.2.3 控制器

① 控制器（图 1.11）上有 ARM Cortex-M4 处理器，每秒百万指令，支持单一操作中的浮点运算，256kB 闪存，32kB RAM，12 位模拟测量；

② 12 路智能端口，可连接配套的电机和传感器，另附有 1 路无线端口、1 路 USB2.0 端口编程、1 路水晶头线通信和控制器充电端口；

③ 配套有 7.2V/2000mA 可拆卸镍氢电池供电；

④ 控制器几何尺寸长宽高为：4.2in×3.0in×1.64in，重量 0.71lb；

⑤ 背光液晶显示屏，内置程序，编程软件支持 VEX Modkit 或 ROBOTC。

图1.11　控制器

▶ 1.2.4 遥控器

① 遥控器（图 1.12）通过网线和控制器连接操控机器人；

② 遥控器上有 4 个摇杆轴、8 个按钮，1 个水晶头连接线端口、1 个 USB 接口（充电）、1 个无线端口，可兼容 900MHz/2.4GHz 无线频率模式；

③ 遥控器使用 3.7V/800mAh 锂离子电池供电，一次充电可使用超过 50h；

④ 几何尺寸宽深高为：5.78in×4.25in×2.20in。安装电池后重量为 0.34lb。

图1.12 遥控器

▶ 1.2.5 无线模块

902～928MHz ISM 频段，尺寸 $1.14\text{in} \times 0.91\text{in} \times 0.27\text{in}$，重 0.01lb。无线模块见图 1.13。

图1.13 无线模块

▶ 1.2.6 电机

① 电机（图 1.14）与结构件直接连接安装输出力矩，使车轮旋转或机械臂抬升。电机输出速度 100，编码器分辨率 0.375°；

② 电机内置处理器，具有正交编码器和电流监视器，能通过机器人控制器进行复杂控制和反馈，并通过编程控制其速度、方向、时间、转速和角度；支持事件编程；

③ 电机输出功率 1.4W，指令速率 3kHz，采样率 3kHz，编码器分辨率 0.375°，采用 MSP430 微控制器，运行在 16MHz，具有自动过流和过温保护功能。

图1.14　电机

▶ 1.2.7　电池充电插座

① 电池充电插座（图 1.15）能快速为电池进行充电，可兼容不同电压和频率；

② 充电时间为 2 ～ 3h。

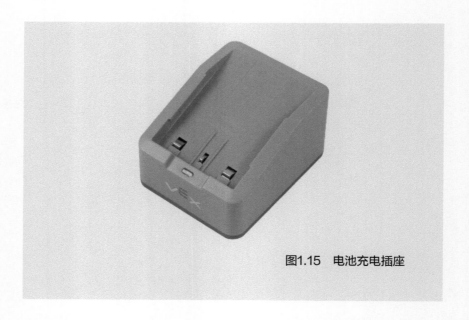

图1.15　电池充电插座

　　VEX 机器人控制器专用电池为镍氢电池（图 1.16），规格为 7.2V/2000mAh。

图1.16　充电电池

▶ 1.2.8　连接线

　　① 水晶头连接线（图 1.17）用于控制器与电机、传感器的连接；

　　② 能实现有线操作的机器人，可在充电的同时线控机器人；

　　③ 控制器标定、固件更新等；

图1.17　水晶头连接线

　　④ 微型 USB 标准 USB A 型电缆（图 1.18），可将机器人的控制器连接到电脑进行程序下载，并可连接到控制器的 USB 端口进行充电。

图1.18　下载连接线

13

1.3　传感器

▶ 1.3.1　陀螺仪传感器

① 陀螺仪传感器（图 1.19）可测量机器人的转弯速率并计算出方向，支持事件编程；

② 能以 500（°）/s 测量旋转速率和 3000 次 /s 的测量速度，连续计算机器人的速率和方向；

③ 采用 MSP430 微控制器，运行在 16MHz、10MHzSPI 总线进行通信，三轴 MEMS 陀螺仪测量旋转速度，同时具有 16 位分辨率。

图1.19　陀螺仪传感器

▶ 1.3.2 距离传感器

① 距离传感器（图 1.20）采用超声波测量距离，支持事件编程；

② 测量 1in ～ 10ft（1ft=0.3048m）范围内的距离；

③ 连续测量距离，以尽量减少延误；

④ 测量速度可达 3000 次 /s。

图1.20　距离传感器

► 1.3.3　颜色传感器

① 颜色传感器（图 1.21）主要用于测量物体的基本颜色和色调；

② 能测量独立的红、绿、蓝各 256 级；

③ 能测量环境光；

④ 支持事件编程。

图1.21　颜色传感器

▶ 1.3.4 触屏传感器

① 触屏传感器（图1.22）能感知外部触摸并显示不同颜色，通过触摸可改变机器人的工作方式，改变 LED 的颜色，甚至可以显示当前颜色传感器检测到的颜色；

② 内置处理器驱动智慧型感应器以及红、绿、蓝三色 LED 指示灯；

③ 能恒定地开 / 关或按照需求使 LED 闪烁；

④ 支持事件编程。

图1.22　触屏传感器

1.3.5 触碰传感器

① 触碰传感器（图 1.23）可让机器人具有触觉；

② 触碰传感器可检测到轻微的触碰，还能用来检测墙或限制机构的运动范围，支持事件编程。

图1.23 触碰传感器

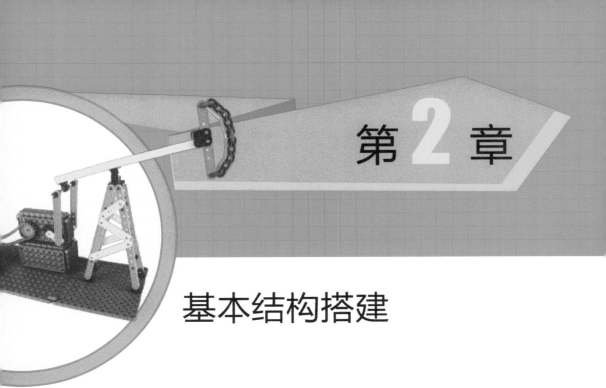

第2章

基本结构搭建

VEX IQ 提供了丰富的结构零件，巧妙利用这些零件可以搭建出所需要的各种结构。搭建出的结构应该满足使用要求，牢固可靠，重量轻，造型美观。以下是一些静物结构范例，供搭建时参考。读者在实际搭建时，应选用多种类型的零件来完成结构搭建，以便充分熟悉各类零件的结构特点。

2.1 办公家具 ◀◀◀

办公家具如图2.1～图2.3所示。

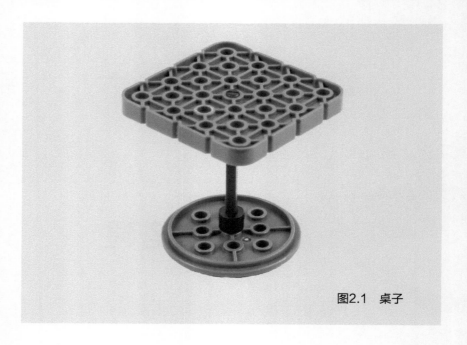

图2.1　桌子

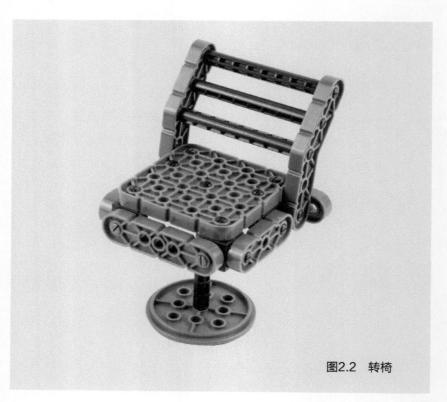

图2.2　转椅

图2.3 写字台

2.2 桥梁 ◀◀◀

桥梁如图 2.4 所示。

图2.4 桥梁

2.3 电视塔 ◀◀◀

电视塔如图 2.5 所示。

图2.5 电视塔

2.4　跷跷板　◀◀◀

跷跷板如图 2.6 所示。

图2.6　跷跷板

2.5 飞机

飞机如图 2.7、图 2.8 所示。

图2.7 直升机

图2.8 滑翔机

2.6 摩天轮

摩天轮如图 2.9 所示。

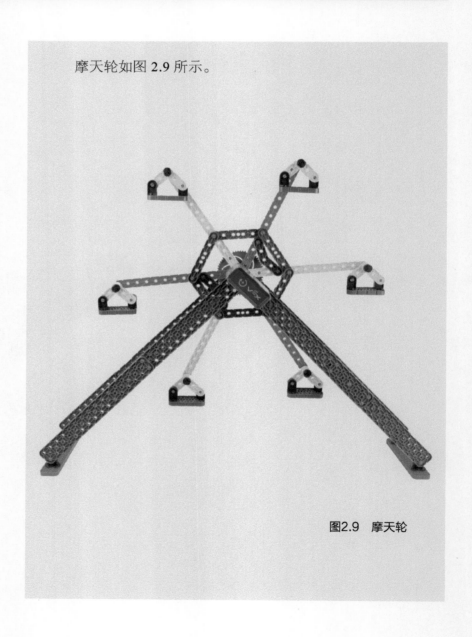

图2.9 摩天轮

2.7　小木屋

小木屋如图 2.10 所示。

图2.10　小木屋

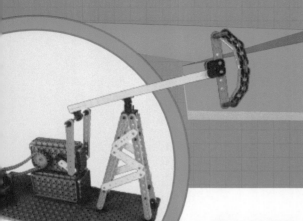

第 **3** 章

运动结构搭建

利用齿轮、链轮、链条、齿条、轴等传动件，可以实现运动传递。下面介绍一些常用的基本传动结构。

3.1 齿轮传动　◀◀◀

齿轮传动是最常见的传动形式，具有传动比准确、传动扭矩大、工作可靠等特点。齿轮传动分为圆柱齿轮传动、锥齿轮传动、齿轮齿条传动、蜗轮蜗杆传动等类型。

　　如图 3.1 所示，圆柱齿轮传动时，相互啮合的两个齿轮的转速与各自齿轮的齿数成反比，大齿轮齿数大则转速慢，小齿轮齿数小则转速快。要降低转速，就用小齿轮驱动大齿轮；反之，要提高转速，就用大齿轮驱动小齿轮。

图3.1　圆柱齿轮传动

　　如图 3.2 所示，对于转轴方向相互垂直且相交的场合，锥齿轮传动是可选方案之一，锥齿轮传动也可以通过选择不同齿数的锥齿轮改变传动速比。

图3.2　锥齿轮传动

如图 3.3 所示，齿轮齿条可以将旋转运动变换为直线运动，也可以反过来将直线运动变换为旋转运动。

图3.3　齿轮齿条传动

如图 3.4 所示，蜗轮蜗杆传动机构常用来传递两个交错轴之间的运动和动力，传动比大。注意，蜗轮蜗杆传动是单向的，蜗杆可以驱动蜗轮，反过来，蜗轮无法驱动蜗杆。

图3.4　蜗轮蜗杆传动

3.2　链传动　◀◀◀

　　如图 3.5 所示，链传动是通过链条将具有特殊齿形的主动链轮的运动和动力传递到具有特殊齿形的从动链轮的一种传动方式。

　　链传动有很多优点，与带传动相比，无弹性滑动和打滑现象，平均传动比准确，工作可靠，效率高，传动功率大，过载能力强，传动距离远等。

　　链传动的传动速比规律与齿轮相同，大链轮齿数大、转速低，小链轮齿数小、转速高。通过改变链轮齿数可调节传动速比。

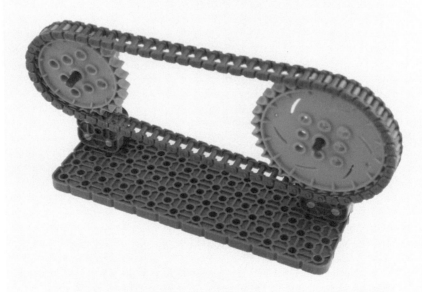

图3.5　链传动

3.3　带传动

如图 3.6 所示，带传动是利用张紧在带轮上的柔性带进行运动或动力传递的一种机械传动。带传动主要是利用带与带轮间的摩擦传递运动和力。带传动机构简单，传动平稳，能缓冲吸振，可以在大的轴间距和多轴间传递动力。

带传动的传动速比规律与链传动相同，大直径带轮转速低，小直径带轮转速高。通过改变两个带轮的直径比可调节传动速比。

图3.6　带传动

3.4　杆传动

杆传动是由多个杆件组成的传动机构，可实现运动变换和传递动力。杆传动中最常见的有：曲柄摇杆机构，双曲柄机构，曲柄滑块机构。

图 3.7 为曲柄摇杆机构,其中,黄色为曲柄,红色为摇杆,绿色为连杆。曲柄绕固定端做圆周运动,摇杆绕固定端摆动,将曲柄外端的圆周运动转变为摇杆外端沿弧线的往复运动。

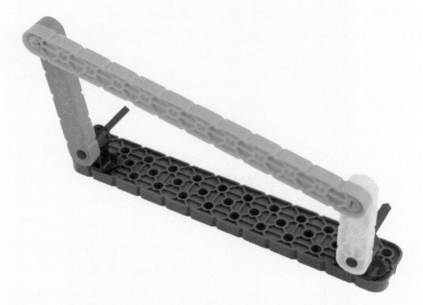

图3.7 曲柄摇杆机构

如果曲柄和摇杆长度相同,而连杆长度与两个固定端的距离相同,曲柄摇杆机构就转变为双曲柄机构,如图 3.8 所示。双曲柄机构其实是一个底边固定的平行四边形机构,两个曲柄始终是相互平行的。

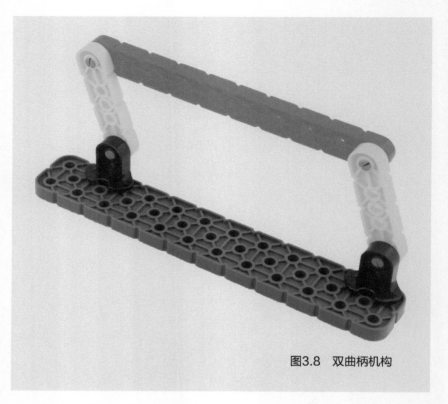

图3.8 双曲柄机构

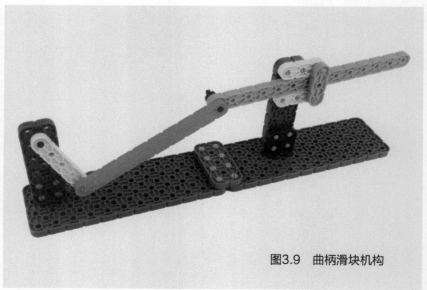

图3.9 曲柄滑块机构

图 3.9 为曲柄滑块机构，其中，黄色为曲柄，绿色为滑块。曲柄绕固定端做圆周运动，滑块沿导轨直线运动，将曲柄外端的圆周运动转变为滑块沿直线的往复运动。

曲柄滑块机构与齿轮齿条机构都具有将旋转运动转变为直线运动的功能，但各有特点。对于齿轮齿条机构，当齿轮的转速恒定时，齿条的运动速度是不变的。而曲柄滑块机构则不然，曲柄转速恒定时，滑块的运动速度是变化的。

3.5　复杂结构　◀◀◀

工业生产和日常生活中所见到的机构通常比上面所介绍的基本机构复杂，往往由多个简单机构组合构成。本节将提供一些复杂机构的实例，供读者参考。

机构运动是需要动力驱动的，VEX IQ 产品提供小型直流电机作为动力源。电机输出轴的转速是可调的，可通过编写控制程序实现。此外，电机输出轴的输出扭矩也有上限，如果阻力矩不断上升并趋近电机输出扭矩上限值，电机转速将逐渐下降至零，也就是通常所说的"死机"。

VEX IQ 零件是塑料材质的，当阻力较大时，杆件的变形往往会导致机构运动受阻，可以通过增大机构刚度或调整机构运动幅度来解决。

　　图 3.10 所示的自行车利用了链传动，将动力从脚踏板传递到后轮。

图3.10　自行车

图 3.11 所示的升降台利用平行四边形杆机构实现水平举升，这种结构具有结构简单、易于实现的特点。注意，下部采用齿轮齿条驱动机构升降，上部的水平杆与斜杆是滑动连接的。

图3.11　升降台

图 3.12 所示的手动风扇通过两级圆柱齿轮传动（大齿轮驱动小齿轮）实现了速度的提升。

图3.12　手动风扇

图 3.13 所示的健身器由滑轮组、杆机构组成，通过皮带传递动力。

图3.13 健身器

图 3.14 所示的坦克由履带底盘、炮塔组成，两台电机分别驱动两侧的链轮带动履带的运动。两台电机转速的差异可使坦克转向。

图3.14　坦克

如图 3.15 所示的抽油机是将链传动、齿轮传动和连杆传动有机结合在一起的典型范例。电机通过链传动一级减速器把动力传递到二级减速器，二级减速器输出端驱动杆传动中的曲柄，驱使杆传动中的游梁和抽油机驴头上下运动。

图3.15　抽油机

图 3.16 所示的货车结构与真实的车辆的底盘类似，电机是动力源，动力通过万向轴将扭矩传递到货车后驱动桥的主减速器，减速器具有差速功能，实现了货车驱动桥两侧车轮的差速传动。

图3.16　货车

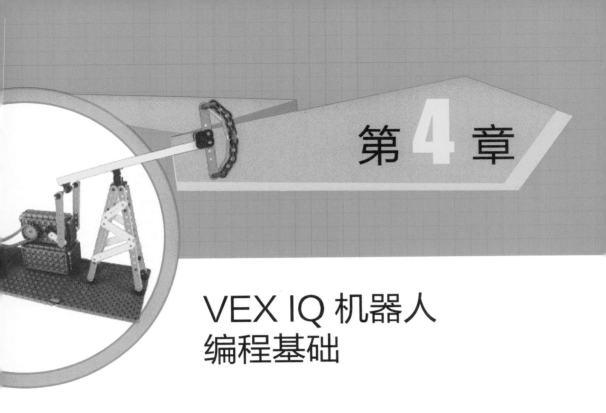

第 4 章

VEX IQ 机器人
编程基础

4.1　VEX IQ机器人语言　◄◄◄

⯈ 4.1.1　ROBOTC 概述

　　ROBOTC是基于C语言的机器人编程语言，并有专用的代码编辑和调试软件，提供便捷的实时调试工具，提供跨平台的支持。ROBOTC及其集成开发环境由卡内基梅隆机器人学院开发。

⏩ 4.1.2 ROBOTC 的优势

① 基于工业标准的 C 编程语言，增加了专为机器人编程定制的扩展包。

② 最新的 Windows 风格与标准的用户交互界面。

③ 独有的软件集成调试方案，让用户通过 ROBOTC 监视所有变量和逐行分析代码。

④ 附加的调试工具使用户能够看到所有电机和传感器的实时状态。当程序运行时它就会显示，而不是作为一个单独的应用程序。

⑤ 一套软件同时支持 VEX Cortex 和 VEX PIC，不需要购买两套软件。

⑥ 超过 100 个示例程序和扩展文档，让学生和兴趣爱好者可以很容易开始学习如何编程。

⑦ 高级的源代码编辑器，智能缩进，自动代码完成，一个标签式界面，让多个程序在同一时间打开。

⑧ 免费网络研讨会，视频教程，社区论坛，详细的帮助文件，以及由卡内基梅隆大学机器人学院提供的课程。

⑨ ROBOTC 编程技能可以轻松地过渡到工程师使用的专业工具，不只是针对 VEX 一条路。

⑩ 与其他系统的专业工具相比，ROBOTC 有相同的格式和风格，甚至是相同的函数。

▶4.1.3　采用C语言开发的编辑器

① 自动根据语法和代码结构缩进代码。

② 带有代码提示的编辑器。

③ 悬停在关键字或者变量激活提示工具。

④ 唯一可用的交互式调试器，能够极大地降低开发时间。

⑤ 不断地查找超过 50 种不同的软件故障原因。

⑥ 支持用户在源码中定义断点。

⑦ 初学者模式和专家模式切换。

▶4.1.4　ROBOTC for VEX Robotics 软件编程环境

　　ROBOTC for VEX Robotics编程界面如图4.1所示，第一行为主菜单，第二行图标为常用的快捷菜单。左侧为函数窗口，显示各种ROBOTC函数，可以在编写代码时调用。右侧为代码编辑窗口，编写所需程序。下面为错误显示窗口，编译时显示程序代码的错误，双击错误行，可指出程序出错的地方。在编写程序时，可以从函数窗口拖拽函数，也可以直接书写函数，ROBOTC提供了智能选择函数功能，就是说在书写函数时，提供下拉菜单显示所有相关函数。

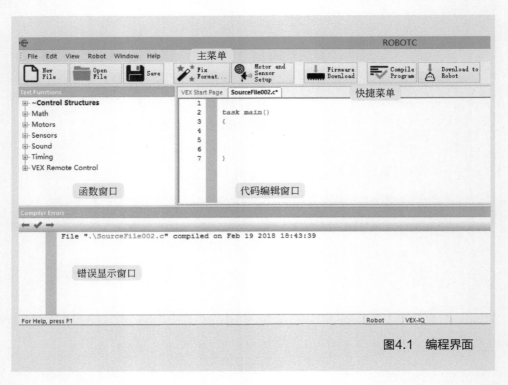

图4.1　编程界面

➤ 4.1.5　ROBOTC for VEX Robotics菜单

ROBOTC for VEX Robotics 软件主菜单如图 4.2 所示。

| File | Edit | View | Robot | Windows | Help |

图4.2　主菜单

表 4.1 为菜单的主要功能。

表 4.1　菜单主要功能

主菜单	子菜单	说明	二级子菜单	说明
File （文件）	New…（新建）		New File	新建文件
	Open and Compile	打开并编辑已存程序		
	Open and Compile All Files in Directory	打开并编译目录下的所有文件		
	Open and Compile All Selected/ Folders	打开并编译所有选定的文件/文件夹		
	Open Sample Program	打开示例程序		
	Save	保存		
	Save As…	另存为		
	Save As Macro File（RBC）	另存为宏文件		
	Save As Macro File – Advanced（RBC）	另存为高级宏文件		
	Save All	保存所有程序		
	Close	关闭		
	Print…	打印		
	Print Preview	打印预览		
	Page Setup…	页面设置		
	Print Setup…	打印设置		
	Exit	退出		

续表

主菜单	子菜单	说明	二级子菜单	说明
	Undo Typing	返回		
	Redo Typing	恢复		
	Cut	剪切		
	Copy	复制		
	Paste	粘贴		
	Find	查找		
	Repeat			
	Find and Replace	查找并替换		
Edit（编辑）	Find In Files	在所有程序中查找		
	Code Formatting	代码格式	Tabify Selection	表格选择
			Untabify Selection	非表格选择
			Format Selection	格式选择
			Tabify whole File	所有表格文件
			Untabify Whole File	所有非表格文件
			Format Whole File	所有文件格式
			Toggle Comment	切换注释
			Comment Line（s）	注释行

续表

主菜单	子菜单	说明	二级子菜单	说明
Edit（编辑）			Un-Comment Line（s）	非注释行
			Increase Line Indent	增加缩进
			Decrease Line Indent	减少缩进
	Bookmarks	书签	Find Prev Bookmard	查找上一个书签
			Find Next Bookmark	查找下一个书签
			Clear All Bookmarks	清楚所有书签
			Toggle Bookmark	切换书签
View（视图）	Source：SourceSourceFile001.c	源文件		
	System Files	系统文件		
	Listing	列表		
	Assembly	集合		
	Function Library[Text]	函数库		
	Compiler Errors View	编辑错误视图		
	Find In Files View	在文件视图中查找		
	Breakpoints Views	断点视图		
	Bookmarks View	书签视图		
	Advanced Displays	高级显示		

续表

主菜单	子菜单	说明	二级子菜单	说明
			Windows Registry Info	Windows注册表信息
			Breakpoint Info	断点信息
			Symbol Table	符号表
			Dump Code Templates	转储代码模块
			Serial ports	串行端口
			HID Ports	HID 端口
			DFU Ports	DFU 端口
View（视图）	Display Message Log Window	显示日志窗口		
	Clear Message Log Window	清除日志窗口		
	Font Increase	字体增大		
	Font Decrease	字体减小		
	Select Communication Port	选择通信端口		
	Preferences	首选项	Show Splash Screen on Startup	打开软件时显示启动画面
			Close Start Page on First Compile	在编译时关闭起始页
			Auto File Save Before Compile	在编译前自动保存文件
			Auto File Save On Application	应用程序退出自动保存文件
			Exit	

续表

主菜单	子菜单	说明	二级子菜单	说明
View （视图）			Open Last Project on Startup	在启动时打开最后一个项目
			Large Icon Toolbar	大图标工具条
			Hide System Predefined Toolbars	隐藏系统预定义的工具条
			Highlight Program Execution	标记执行的程序
			ROBOTC Editor Type	ROBOTC 编辑类型
			Kiosk Mode	Kiosk 模式
			Use VEX IQ Smart Radio Features	使用 VEX IQ 智能无线功能
			Main Menu Visible	主菜单可见
			Enable Logging to Message Log	启用日志记录信息
			Global/Stack Variables Setting	全局／堆栈变量设置
			Detailed Preferences	详细首选项
			Compiler Code Optimization	编译器代码优化
	Delete All Registry Values	删除所有注册表值		
	Delete All Saved Window Positions	删除所有保存的窗口位置		
	Reset One Time Warning Flags	重置一次警告标志		

续表

主菜单	子菜单	说明	二级子菜单	说明
View （视图）	Code Completion	代码完成		
	Status Bar	状态栏		
	Toolbars	工具栏		
	Compile and Download Program（F5）	编译和下载程序		
	Compile Program（F7）	编译程序		
	Vex IQ Controller Mode	控制器模式	TeleOp – Remote Controller Required	无线遥控程序
			Autonomous – No Controller Required	自动控制程序
Robot （机器人）	Compiler Target	编译器目标	Physical Robot	实体机器人
			Virtual Worlds	虚拟世界
	Debugger Windows	调试窗口		
			Global Variables	全局变量
			Local Variables	本地变量

续表

主菜单	子菜单	说明	二级子菜单	说明
Robot（机器人）			Times	计时器
			Motors	电机
			Sensors	传感器
			VEX IQ Remote Screen	远程屏幕
			Joystick Control - Basic	遥控杆基本控制
			Datalog	数据日志
			Datalog Graph	数据曲线
	Advanced Tools	高级工具	File Management	文件管理
			Software Inspection	软件检查
			VEX IQ Joystick Viewer	遥控杆查看器
	Platform Type	平台类型	VEX IQ	
			VEX Robotics	VEX 2.0 Cortex
				VEX IQ
	Motors and Sensors Setup	电机和传感器设置		
	Download Firmware	硬件驱动下载		

续表

主菜单	子菜单	说明	二级子菜单	说明
Window（窗口）	Menu Level	菜单级别	Basic	基础
			Expert	专家
			Supper User	超级用户
	Ring Tone Converter Utility	铃声转换实用程序		
	Configure Joysticks	配置操纵杆		
Help（帮助）	Open Help	打开帮助		
	Open Online Help（Wiki）	打开在线帮助		
	ROBOTC Live Start Page	ROBOTC起始页		
	ROBOTC Homepage	ROBOTC主页		
	Manage Licenses	管理许可证		
	Add License	添加许可证		
	Purchase a License	购买许可证		
	Check for Updates	更新检查		
	Manage RVW Packages	管理RVW封装		
	About ROBOTC	关于ROBOTC		

4.2　VEX IQ机器人固件更新　◀◀◀

VEXos是一个机器人操作系统，利用VEX硬件的灵活性和强大性满足竞赛和教育的多样化需求。该操作系统由VEX Robotics开发，使用实时处理以可能的最快速度进行可重复操作。"VEXos Utility"程序简化了VEX IQ硬件更新，并与Windows 7 ～ 10和Mac OS X 10.10及更高版本兼容。

所有VEX IQ智能设备（主控器、遥控器、智能电机和传感器）都包含自己的内部处理器和运行特殊软件。这个软件允许高级编程功能。确保VEX IQ系统正常工作的最佳方法是保持Robot的软件为最新。

▶ 4.2.1　VEXos Utility 安装

① 在VEX官方网站下载VEXosUtilitySetup_20170825.exe程序。

② 若弹出提示框，选择"运行"，否则保存文件下载完后打开。

③ 根据屏幕提示安装。

⊁ 4.2.2　VEX IQ 固件更新

第一步：连接所有设备到主控器，然后用 USB 连接线连接主控器，如图 4.3 所示。

图4.3　VEX IQ固件更新（1）

第二步：打开主控器，如图 4.4 所示。

图4.4　VEX IQ固件更新（2）

第三步：打开 VEXos Utility 程序，点击"Install"就可以了，如图 4.5 所示。

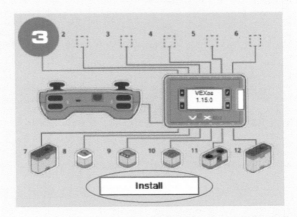

图4.5　VEX IQ固件更新（3）

4.3　VEX IQ机器人控制程序流程 ◄◄◄

▶ 4.3.1　机器人与计算机连接

VEX IQ机器人与计算机的连接方式有三种：第一种为通过数据线与计算机USB端口连接；第二种通过蓝牙与计算机连接；第三种是通过Wi-Fi网络与计算机进行通信。用这三种方式都可以下载程序或通过计算机实时控制机器人运动。

⯈ 4.3.2　电机与传感器的设置

在编写程序前需要首先对电机和传感器进行设置，通过设置使机器人知道所用传感器类型和传感器、电机与控制器连接方式，并命名电机与传感器。这样才能在编写程序时控制电机运动，调用传感器实时监测数值，使机器人具备感知外界信息和执行各种指令的能力。

设置电机和传感器步骤如下。

① 点击 Motor and Sensor Setup 图标，打开电机设置界面（Motor），如图 4.6 所示。

控制器端口（Port）共有 12 个端口，最多可连接 12 个电机（Motor），对连接的每一个电机命名，选择类型（Type）为 "VEX IQ Motor"。未连接的电机选择 "No Motor"。如果需要电机反向运动则勾选 "Reversed"。"Derive Motor Side" 选项是针对驱动电机可选择为 "Left" "Right" 或者 "None"。

Motors and Sensors Setup

Standard Models	Motors	Devices

Port	Name	Type	Reversed	Drive Motor Side
motor1	HMotor	VEX IQ Motor	☐	None
motor2		No motor		
motor3		No motor		
motor4		No motor		
motor5	TankMotor	VEX IQ Motor	☐	None
motor6		No motor		
motor7	PanMotor	VEX IQ Motor	☐	None
motor8	LeftMotor	VEX IQ Motor	☐	None
motor9	OutputMotor	VEX IQ Motor	☐	None
motor10	RightMotor	VEX IQ Motor	☑	None
motor11		No motor		
motor12		No motor		

图4.6　电机设置

程序中对应代码如下：

```
#pragma config(Motor, motor1, HMotor, tmotorVexIQ, PIDControl, encoder)

#pragma config(Motor, motor5, TankMotor, tmotorVexIQ, PIDControl, encoder)

#pragma config(Motor, motor7, PanMotor, tmotorVexIQ, PIDControl, encoder)

#pragma config(Motor, motor8, LeftMotor, tmotorVexIQ, PIDControl, encoder)

#pragma config(Motor, motor9, OutputMotor, tmotorVexIQ, PIDControl, encoder)

#pragma config(Motor, motor10, RightMotor, tmotorVexIQ, PIDControl, reversed,
  encoder)
```

② 打开传感器设置界面（Devices），如图 4.7 所示。

VEX IQ 机器人器材包含 5 种传感器，有颜色传感器、触屏传感器、触碰传感器、超声波传感器、陀螺仪（角度）传感器。在 "Motors and Sensors Setup" 对话框中，共有 12 个端口（Port1 ~ Port12），在未接电机的端口都可以任意连接传感器。首先对连接传感器的端口命名（Name），然后选择传感器类型（Sensor Type）。

a. No Sensor：未连接传感器（缺省）。

b. Distance（Sonar）：距离传感器。

c. Touch LED：触屏传感器。

d. Bumper（Touch）：触碰传感器。

e. Gyro Sensor：陀螺仪（角度）传感器。

f. Color Sensor：颜色传感器。

　• Color – Hue：色相模式。

　• Color – Grayscale：灰度模式。

　• Color – Color Name：颜色名字模式。

图4.7　传感器设置

程序中对应代码如下：

```
#pragma config(Sensor, port2, Starttouch, sensorVexIQ_LED)
#pragma config(Sensor, port3, ForColor, sensorVexIQ_ColorGrayscale)
#pragma config(Sensor, port4, ColorHue, sensorVexIQ_ColorHue)
#pragma config(Sensor, port6, Bumper1, sensorVexIQ_Touch)
#pragma config(Sensor, port9, Gyro, sensorVexIQ_Gyro)
#pragma config(Sensor, port10, Distance1, sensorVexIQ_Distance)
#pragma config(Sensor, port11, BackColor, sensorVexIQ_Color12Color)
```

⯈ 4.3.3 实体机器人编程

任务：搭建一个 4 轮小车（基础小车详细搭建过程请参考附录 1），左电机 leftMotor 连接 motor1 口，右电机 rightMotor 连接 motor6 口，以 80 的速度直行 5 s 后停止。图 4.8 为基础小车。

图4.8　基础小车

第一步：配置电机，如图 4.9 所示。

Port	Name	Type	Reversed	Drive Motor Side
motor1	leftMotor	VEX IQ Motor	☐	None ▼
motor2		No motor ▼		
motor3		No motor ▼		
motor4		No motor ▼		
motor5		No motor ▼		
motor6	rightMotor	VEX IQ Motor ▼	☑	None ▼
motor7		No motor ▼		
motor8		No motor ▼		
motor9		No motor ▼		
motor10		No motor ▼		
motor11		No motor ▼		
motor12		No motor ▼		

Motors and Sensors Setup

Standard Models　Motors　Devices

图4.9　配置电机

程序如下：

```
#pragma config(Motor, motor1, leftMotor, tmotorVexIQ, openLoop, encoder)
#pragma config(Motor, motor6, rightMotor, tmotorVexIQ, openLoop, reversed,
  encoder)
task main()
{
    setMotorSpeed(leftMotor, 80);          //设置左电机速度80
    setMotorSpeed(rightMotor, 80);         //设置右电机速度80
    sleep(5000);                           //直行5秒后停止
}
```

第二步：用 USB 线连接计算机和 VEX IQ 主控器，并打开主控器。点击 ⬛ Download to Robot 按钮下载程序。出现图 4.10 所示的调试窗口。直接按"Start"按钮控制机器人直行 5 s 后停止。

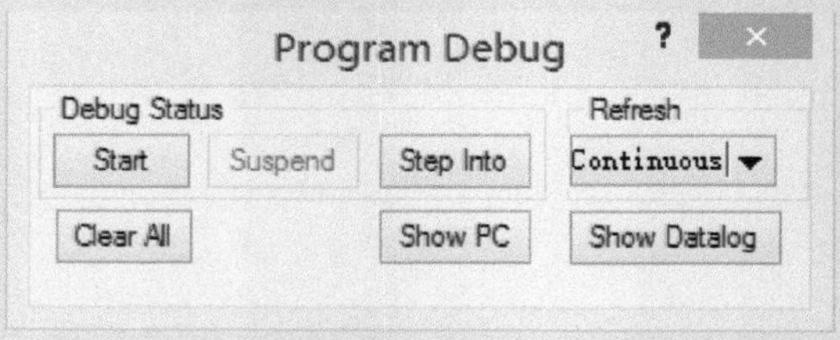

图4.10　程序调试窗口

其中："Start"按钮——运行程序；

"Clear All"按钮——清除所有断点；

"Step Into"按钮——跳入断点处；

"Suspend"按钮——暂停；

"Show PC"按钮——显示计算机；

"Show Datalog"按钮——显示调试数据；

Refresh（Continuous\Paused\Snapshot）——刷新方式（连续/暂停/快照）。

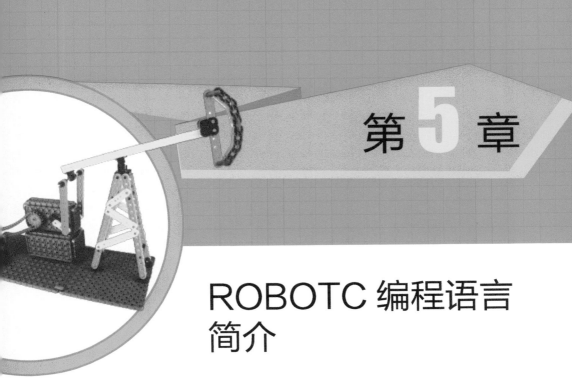

第5章

ROBOTC 编程语言简介

ROBOTC提供了许多范例程序，选择"File->Open Sample Program->VexIQ->Basic Movements->Moving Forward.c"打开如图5.1所示界面。

一个完整的程序包含注释、编译预处理和程序主体。

① 注释——描述代码的含义和作用。以"//"开头的一段文字，或以"/*"开头以"*/"结尾的一段文字。程序执行时会忽略注释内容。添加注释是一个程序员良好的习惯，易于他人或日后读程序。

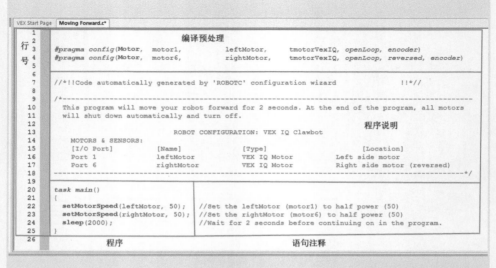

图5.1 范例程序

② 编译预处理——以"#"为开头的行成为编译预处理行。编译预处理是在编译前对源程序进行的一些预加工。预处理由编译系统中的预处理程序按源程序中的预处理命令进行。编译程序时将预处理行的信息嵌入程序中。编译预处理能改善程序设计的环境，有助于编写易移植、易调试的程序，也是模块化程序设计的一个工具。

③ 程序主体——程序中必须有且只有一个 task main（）函数，它是程序执行的入口。

a. 大括号"{}"——大括号中的内容是程序的主体，"{"表示程序的开始，"}"表示程序的结束。

b. 分号"；"——每个语句以分号结束。

c. 逗号"，"——用于分隔多个参数。

5.2 变量 ◀◀◀

在程序中，不同类型的数据可以以常量形式出现，也可以以变量形式出现。常量是指在程序执行过程中值不能发生变化、具有固定值的量。变量则是指在程序执行过程中值可以变化的量。

变量名的命名以字母或下画线开头，是由字母、数字或下画线组成的字符序列，但不能以数字开头，中间不能有空格、符号，不能与已有函数名称相同。在定义变量时尽量做到"见名知意"，以增加程序的可读性。

ROBOTC 数据类型有整型（int）、浮点型（float）、字符型（char）、逻辑型（bool），见表 5.1。

表5.1　ROBOTC数据类型

数据类型	描述	范例	
整型	包括0在内的正负整数值	1，−3, 0, 25	int
浮点型	带有小数点的数值	0.5,0.2666，−0.8	float
字符型	字符	A, F, $	char
逻辑型	判断是或否	True, False	bool

5.3 运算符 ◀◀◀

① 算术运算符：（+ − * / % ++ −−）［加，减，乘，除，模（求余）、自增、自减］。

② 关系运算符：（> < = >= <= !=）（大于，小于，等于，大于或等于，小于或等于，不等于）。

③ 逻辑运算符：（! && ||）（逻辑非，逻辑与，逻辑或）。

④ 赋值运算符：（=）（赋值）。

5.4 函数 ◀◀◀

定义函数就是在程序中设定一个函数模块。一个函数是由变量声明部分与可执行语句组成的独立实体，可以完成一指定的功能。当然，并非任何函数都要自己动手建立，使用现有的函数是程序设计者的第一选择。表5.2 为ROBOTC 软件函数库常用的函数。

表5.2　ROBOTC常用函数

序号	函数	功能	数据类型
1	sin（弧度）	计算sin（x）的值	float
2	cos（弧度）	计算cos（x）	float
3	tan（弧度）	计算tan（x）	float
4	asin（弧度）	计算arcsin（x）	float
5	acos（弧度）	计算arccos（x）	float
6	atan（弧度）	计算arctan（x）	float
7	sinDegrees（角度）	正弦函数	float
8	cosDegrees（角度）	余弦函数	float
9	radiansToDegrees（radians）	弧度转换成角度	float
10	degreesToRadians（degrees）	角度转换成弧度	float
11	abs（数值）	计算整数的绝对值	int
12	Pow（x,y）	计算x^y	float
13	exp（数值）	平方函数e^x	float
14	sgn（数值）	符号	int
15	sqrt（数值）	计算平方根$\sqrt[2]{x}$	float
16	random（range）	随机函数	float

自定义函数的内容包括函数类型（即函数值类型）、函数名、形式参数的数目和类型以及函数体内容。

类型标识符 函数名（类型标识符 形参，类型标识符 形参，…）；

（1）函数名

函数名应符合 ROBOTC 语言对标识符的规定。

（2）形式参数

形式参数写在函数名后面的一对圆括号内，它有两个作用：

① 表示将从主调函数中接收哪些类型的信息。形式参数之间用逗号相隔。如果没有形式参数，应该在括号内写上 void 以声明为空。

② 在函数体中形式参数是可以被引用的，可以输入、输出、被赋以新值或参与运算。

程序进行编译时，并不为形式参数分配存储空间。只有在被调用时，形式参数才临时地占有存储空间，从调用函数中获得值，这成为"虚实结合"，形式参数从相应的实际参数得到值。

（3）函数体

函数体是一个分程序结构，由变量定义部分和语句组成。在函数体中定义的变量只有在执行该函数时才存在。函数体中也可以不定义变量而只有语句，也可以二者皆无。如：

```
void null(void){  }
```

这是一个空函数，调用它不产生任何有效操作，它却是一个合法的函数。在模块化设计中，往往先把 Task main（）函数写好，并预先确定需要调用的函数，有时一些函数还未编写好，以便调试程序的其他部分，以后再逐步补上。

（4）函数的返回

函数执行的最后一个操作是返回。返回的意义是：

① 使流程返回主调函数，宣告函数的一次执行终结，在调用期间所分配的变量单元被撤销。

② 送函数值到调用表达式中。但是这一点并非必需的。有些函数有返回值，有些函数可以没有返回值。

（5）函数类型

通常把函数返回值的类型称为函数的类型，即函数定义时所指出的类型。函数在返回前要先将表达式的值转换为所定义的类型，返回到主调函数中的调用表达式。对不需要使用返回值的函数，应定义为void类型。

5.5　ROBOTC常用关键字

① get：意为获取，常用于判断条件语句，一般跟在while或if后的括号内使用。

② set：设置，一般在设置之后加上需要设置的对象，如电动机、传感器等。

③ sleep：等待，即上一条指令运行时间，通常与电动机同时使用。

④ reset：重置，可用在重置电机、重置陀螺仪等。

⑤ target：目标，一般与set组成完整的语句。

⑥ degrees：角度，电机转动的角度用target，陀螺仪转动的角度用degrees。

⑦ Value：值，与get组成完整的语句，获取传感器实时数据。常用于判断条件语句中。

⑧ Int：整数，用来定义整型变量。

⑨ Waituntil：一直等到……的时候，通常将Waituntil用到一段程序的结尾，此段程序执行完毕，再执行下一条指令。

⑩ Threshold：阈值。

⑪ Repeat：重复。

5.6 ROBOTC程序控制结构

ROBOTC程序由三种基本控制结构组成，包括顺序结构、选择结构和循环结构（或称重复结构）。

① 顺序结构。顺序结构中的语句是按书写的顺序执行的，即语句的执行顺序与书写顺序一致。

② 选择结构。最基本的选择结构是当程序执行到某一语句时，要进行一下判断，从两种情形中选择一种。由基本的2分支选择，可以派生出多分支选择结构。

③ 循环结构。这种结构是将一条或多条语句重复地执行若干遍。如图5.2所示。

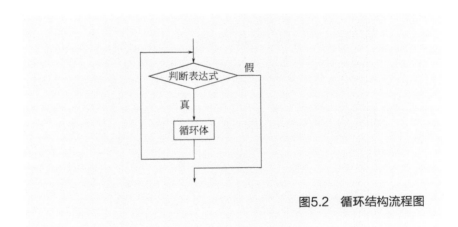

图5.2 循环结构流程图

（1）循环结构

循环结构一般由进入条件、退出条件和循环体三部分组成。

根据进入和退出条件，循环结构可以分为以下三种形式。

① while结构。退出条件是进入条件的"反条件"。

即满足条件时进入，重复执行循环体，直到进入的条件不再满足时退出。

```
while (condition)                    //while (条件)
{
    body                             //循环体
}
```

② for 结构。和 while 结构类似，也是"先判断后执行"，但结构更紧凑，允许把初始化、修正、判断写在一起，使用起来更方便灵活，功能更强。

格式：

```
for (initial; condition; increment)  //for (初始值，条件，步长)
{
    body
}
```

③ do…while 结构。无条件进入，执行一次循环体后再判断是否满足再进入循环的条件。

格式：

```
do
{
    body
}
while (condition)
```

（2）选择结构

① if 结构。

格式：

```
if (condition) statement ;           //if (条件) 语句；满足条件，执行一条语句
```

或:

```
if(condition)           //也可以分行写
    statement;          //语句
```

② if…else 结构。为两路分支结构,是一种基本的选择结构。工作过程为:先对条件表达式进行判断,若为真(成立,值为非零),就执行 if 分支结构下的语句(statement1);否则(不成立,值为 0),就执行 else 分结构下的语句(statement2)。条件(condition)可以是关系表达式、逻辑表达式和算术表达式。如图 5.3 所示。

格式:

```
if(condition)
    statement1;
else
    statement2;
```

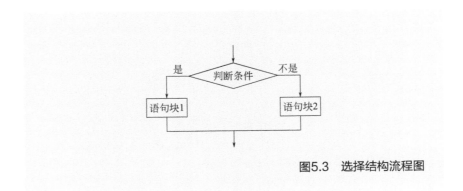

图5.3　选择结构流程图

③ else if 多重嵌套分支结构。有时,我们解决问题需要排除多个条件,或满足多个条件。就是说通过多个判断,来寻找问题的解。它排除了一系列互相排斥的操作,每一种操作都是在相应

的条件下才能执行的。该结构开始执行后，便依次去对各个条件进行判断测试，符合某一条件，则转去执行该条件下的操作命令，其他部分将被跳过；如果无一条件为真，就执行最后一个 else 所指定的操作指令。这个 else 可以看作"其他"。若最后一个 else 不存在，并且所有条件的测试均不成功，则该 else if 结构将不执行任何操作。

格式：

```
if (condition 1)
  {
   Body1
  } else if (condition 2)
   {
    Body2
   } else if (condition 3)
   {
    Body3
   }
   ...
   else if (condition n)
   {
    body n
  } else
  {
   Body
}
```

④ switch-case 结构。它与 else if 结构是多分支选择的两种形式，它们的应用环境不同。else if 用于对多条件并列测试，从中选取一种的情形；switch 结构用于单条件测试，从其多种结果中选取一种情形。

格式：

```
switch(condition)
{
Case1: statement1;
Case2: statement2
...
Casen: statementn
Default:
    statement
}
```

第6章

VEX IQ 机器人程序设计

6.1　基本运动编程　◀◀◀

　　VEX IQ机器人电机不仅仅是让车轮转动或机械臂抬升，它还内置处理器，具有正交编码器和电流监控器，通过机器人控制器能进行复杂的控制和反馈，并支持事件编程。通过编程能控制电机的速度、方向、时间和角度。电动机输出转速为135r/s，编码器分辨率为0.375，输出功率为1.4W，指令速率为3kHz，采样率为3kHz，编码器分辨率为0.375°，采用MSP430微处理器运行在16MHz，具有自动过流和过温保护。

　　按照附录1的搭建步骤，搭建一个"基础小车"。如图6.1所示。

图6.1 基础小车

6.2 前进、后退、左转、右转编程 ◀◀◀

基本运动程序设计方法有图形化编程（graphical）、文本编程（natural language）和ROBOTC编程。

本书采用Graphical ROBOTC for VEX Robotics 4.X图形化编程软件编写程序，程序中的命令都可以从函数库中找到，不需要手动编写，直接拖到编程区即可。

函数就是一系列C语言的集合，可以完成某个重复使用的特定功能。需要修改功能的时候，直接调用该函数即可，不必每次堆叠一大堆代码。需要修改该功能的时候，也只需修改和维护这一个函数即可。函数的好处是方便代码重用，并且一个好的函数，可以让人一眼就知道这个函数实现的是什么功能，便于维护。

首先在计算机硬盘上新建文件夹，例如D:\VEX-IQ-program。打开Graphical ROBOTC for VEX Robotics 4.X软件，打开File->New⋯->New File，新建文件。单击"File->Save"，进入文件夹VEX-IQ-program，命名EXample-1.c，保存文件。在编程过程中，需要多次保存文件，防止计算机意外断电等情况下丢失数据。新建文件界面如图6.2所示。

采用图形化编程语言编写程序，直接从函数列表框中选取Simple Behaviors下需要的backword，forward，moveMotor，turnLeft，turnRight函数。拖入到程序编辑框中即可。如图6.3所示。

图6.2　新建文件界面

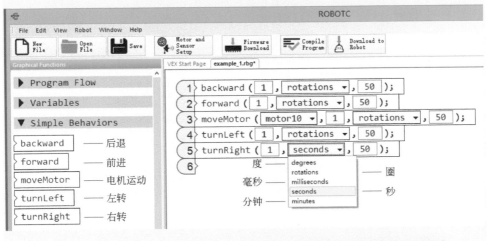

图6.3　简单运动函数列表

图形化编程语言可以转化为文本编程中的 C 语言（natural language），点击 "Vies->Convert Graphical File to Text"，将图形化编程语言转换为 C 语言。如图 6.4 所示。

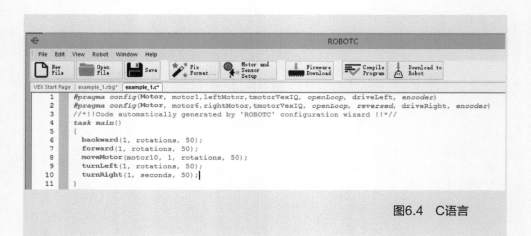

图6.4　C语言

对应 C 语言基本运动函数：

① backward（quantity, unitType, Speed）　　// 后退（数量，单位，速度）

② forward（quantity, unitType, Speed）　　// 前进（数量，单位，速度）

③ moveMotor（quantity, unitType, Speed）// 电机运动（数量，单位，速度）

④ turnLeft（quantity, unitType, Speed）　　// 左转（数量，单位，速度）

⑤ turnRight（quantity, unitType, Speed）　　// 右转（数量，单位，速度）

其中：

① quantity——整数。

② unitType——单位，可以是以下 5 种单位之一。

- degrees（度）;

- rotations（圈）;

- milliseconds（毫秒）;

- seconds（秒）;

- minutes（分钟）。

③ speed——功率，范围 –100 ～ 100。

【例 6.1】 机器人以 60 的速度前进 5s。

【程序设计】

① 打开 Graphical ROBOTC for VEX Robotics 4.X 软件，点击 "FILe->New…->New File" 新建文件。

② 设置环境。Robot->Compiler Target->Physical Robot; Robot->VEX IQ Controller Mode->Autonomous – No Controller Required。

③ 设置电机。单击 图标，打开 Motors and Sensors Setup 窗口，如图 6.5 所示：设置 Motor1 连接左电机，命名为 "leftMotor"，Type 选择 "VEX IQ Motor"。设置 Motor6 连接右电机，命名为 "rightMotor"。Type 选择 "VEX IQ Motor"，Reversed 选项打钩。

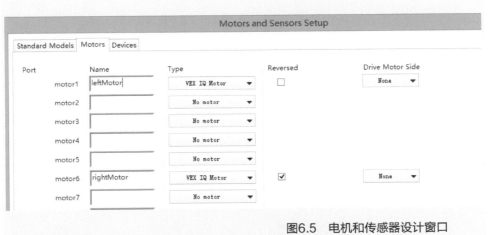

图6.5　电机和传感器设计窗口

④ 编写程序。电机设置好后，将程序列表框中的 forward 函数拖入到程序编辑框中，数量改为 5，单位为 seconds（秒），速度为 60。如图 6.6 所示。

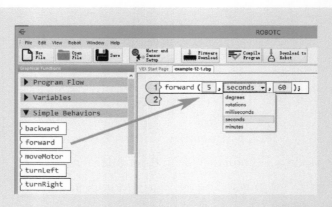

图6.6　程序设计

⑤ 保存程序 example-12-1.rbg，通过 USB 口将数据线连接计算机和机器人，打开机器人控制器。

⑥ 使用 VEXos Utility 软件检查电机是否连接正常，如果电机带有绿色边缘，则电机正常。如果电机带有黄色边缘，则需要安装驱动。点击 "Install" 按钮安装驱动程序，如图 6.7（a）所示。安装完毕如图 6.7（b）所示，电机带有绿色边缘。

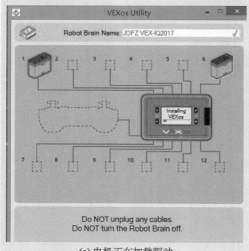

(a) 电机正在加载驱动

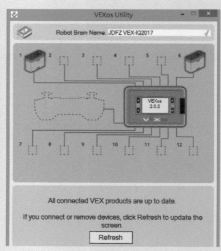

(b) 电机完好状态

图6.7　检查电机是否连接正常

⑦ 单击 ![Download to Robot] 下载到机器人中，出现如图 6.8 所示窗口。

Program Debug   **?**   ×

Debug Status   Refresh

Start   Suspend   Continuous ▼

Step Into   Step Over   Step Out

Clear All   Show PC   Show Datalog

图6.8　程序调试窗口

⑧ 点击 "Start" 按钮可运行程序。机器人按指定程序以 50 的速度前进 5s。

注意：点击 "Start" 按钮前，一定将机器人放到地面上，防止运动时损坏机器人。

上述图形化程序，通过点击 "Vies->Convert Graphical File to Text"，将转换为如下 C 语言形式：

```
#pragma config(Motor, motor1, leftMotor, tmotorVexIQ, openLoop,
    driveLeft, encoder)
#pragma config(Motor, motor6, rightMotor, tmotorVexIQ, openLoop,
    reversed, driveRight, encoder)
task main()                      //主程序，所有程序的入口
{
    forward(5, seconds, 60);    //前进(数量:5，单位:秒，速度:60)
}
```

了解图形化程序设计的 C 语言形式，容易过渡到 ROBOTC 语言进行程序设计。

【例 6.2】 机器人走边长为 40 cm 的正方形。机器人比赛场地如图 6.9 所示，要求机器人从 A 点出发，沿所示路线 ABCD 行走，回到出发的位置 A 点。

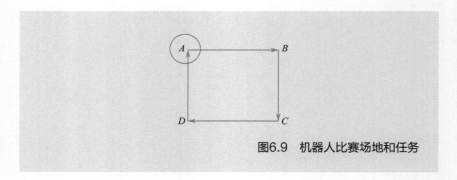

图6.9 机器人比赛场地和任务

【程序设计】

① 新建文件 example-6-1。

② 设置环境。

```
Robot->Compiler Target->Physical Robot
Robot->VEX IQ Controller Mode->
Autonomous - No Controller Required
```

③ 设置电机。

```
Port1：leftMotor, driveLeft
Port2：rightMotor, reversed, driveRight
```

④ 编写程序。如图 6.10 所示。

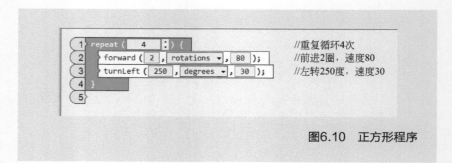

图6.10 正方形程序

⑤ 保存程序 example-6-1.rbg。

下载程序，进行测试。修改左转（turnLeft）函数度数，直到机器人转动角度为 90°。修改前进（forword）函数转数，直到行走长度为 40cm。经过测试，本机器人在木地板上行走，左转250°，前进 2 圈，满足要求。

正方形程序转换为 C 语言：

```
#pragma config (Motor, motor1, leftMotor, tmotorVexIQ, openLoop,
  driveLeft, encoder)
#pragma config (Motor, motor6, rightMotor,    tmotorVexIQ,
  openLoop, reversed, driveRight, encoder)
task main ()
{
    forward (2, rotations, 80);         //前进2圈，速度80
    turnLeft (250, degrees, 30);        //左转250°，速度30
    forward (2, rotations, 80);
    turnLeft (250, degrees, 30);
    forward (2, rotations, 80);
    turnLeft (250, degrees, 30);
    forward (2, rotations, 80);
}
```

【知识点】 电机编码器

编码器误差：0.375°。

机器人电机转一圈对应编码器转 360°，那我们可以用编码器的值控制机器人电机旋转的圈数，进而控制机器人轮子走的距离，计算公式如下所示：

$$电机转一圈的距离 = 轮子周长 = \pi d （轮子直径）$$

$$电机编码器转 1° 的距离 = 电机走一圈的距离 / 360$$

$$机器人轮子走的距离 = 编码器转 1° 的距离$$

编码器实时记录自己转的度数，所以在每次使用编码器控制机器人运动时，都需要对编码器清零。

由此可见，基本运动函数中的度数指的是电机编码器的数值，而非机器人转动的度数。

上例中让机器人转动90°，经过测试，左转函数中需要转动250°。

6.3　电机命令编程　◀◀◀

如果完成一个复杂的自动程序设计，仅仅使用基本运动函数编程，则不能实现全部的功能，需要使用电机函数（Motor Commands）以及计时器函数（Timing）等。

Motor Commands 函数列表以及说明如图 6.11 和表 6.1 所示。

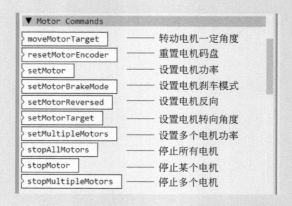

图6.11　电机函数列表

表6.1 函数说明

函数	参数1	参数2	参数3	功能
moveMotorTarget（motorPort,postion,speed）	端口	度数	速度	电机转动相对角度
resetMotorEncoder（motorPort）	端口			重置电机
setMotor（motorPort,speed）	端口	速度		设置电机功率
setMotorReversed（motorPort,bReversed）	端口	true/false		设置电机方向
setMotorTarget（motorPort,Position,speed）	端口	度数	速度	电机转动绝对角度
setMultipleMotors（speed,firstMotor,secondMotor,thirdMotor,fourthMotor）	速度	端口1	端口2	设置多个电机功率
stoAllMotor（）				停止所有电机
stopMotor（motorPort）	端口			停止某一电机
stopMultipleMotors（firstMotor,secondMotor,thirdMotor,fourthMotor）	端口1	端口2	端口3	停止多个电机

【知识点】

① moveMotorTarget（Motor1,300,60）：函数表示电机转动相对角度为300°。假设目前电机码盘当前值为100°，电机需要转动300°，电机码盘的度数为400°。

a. 电机转动300°，需要一定的时间，与 wait 函数或 waitUntil 函数同时使用。

b. 命令执行完成后，电机自动停止。

② setMotorTarget（Motor1,300,60）：函数表示电机转动相对角度为300°。假设目前电机码盘当前值为100°，则电机需要转动200°，电机码盘的度数为300°。

a. 电机转动300°，需要一定的时间，与 wait 函数同时使用。

b. 命令执行完成后，电机自动停止。

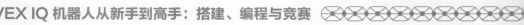

VEX IQ 计时器函数（图 6.12）一共有 8 个计时器。参数如图 6.13 和图 6.14 所示。

图6.12　计时器函数

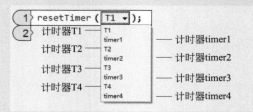

图6.13　重置计时器函数

图6.14　等待函数

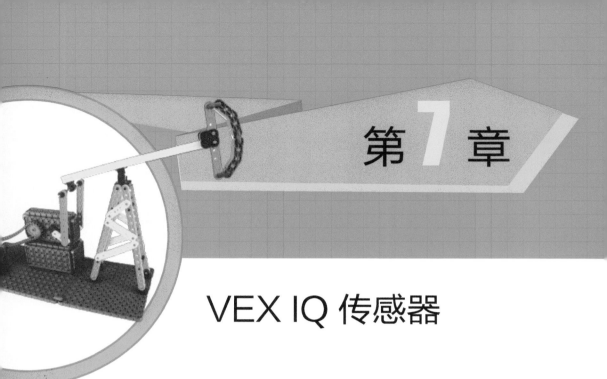

第7章

VEX IQ 传感器

VEX IQ传感器对机器人而言就像人的五官，机器人通过传感器感受环境的变化。VEX IQ传感器有触碰传感器、触屏传感器、颜色传感器、超声波传感器和陀螺仪传感器。

7.1 触碰传感器 ◀◀◀

7.1.1 触碰传感器工作原理

（1）触屏传感器

触屏传感器（Touch LED）用于输出和输入触控，有16位色，通过触摸可以改变机器人的工作方式，改变LED的颜色，还可以显示不同颜色。如图7.1所示。

Touch LED 有内置处理器驱动智慧型感应器，以及红、绿、蓝三色 LED 指示灯。

Touch LED 还有开关、或按需求使 LED 闪烁的功能。其中 Touch LED 也可用于人、机器人和软件之间的交互，能设置颜色名称、色调、RGB 值，触屏输入可实现控制、报警等。

图7.1　触屏传感器

（2）触碰传感器

触碰传感器（图 7.2）让机器人具有触觉。开关可以检测到轻微的触碰，还能用来检测围墙或限制机器人的运动范围。

图7.2　触碰传感器

触碰传感器工作原理如图 7.3 所示。当触碰传感器被按下时，电路闭合，有电流通过，当触碰传感器抬起时，电路断开，无电流通过。VEX IQ 控制器可以检测有无电流。有电流时返回值为"1"，无电流时返回值为"0"，进而可以检测触碰开关是否被按下。

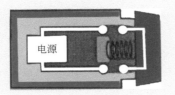

图7.3　触碰传感器工作原理图

⯈7.1.2　电机与传感器设置

单击 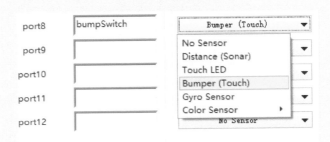 按钮，打开电机与传感器设置（Motors and Sensors Setup）窗口，设置触碰传感器。在相应连接端口 Port8 命名 bumpSwitch，选择传感器类型（Type）为 Bumper（Touch）。如图 7.4 所示。

图7.4　触碰传感器端口设置

设置触屏传感器，在相应连接端口 Port2 命名 touchLED，选择传感器类型（Type）为 Touch LED。如图 7.5 所示。

port2	touchLED	Touch LED ▼
port3		No Sensor
port4		Distance (Sonar) ▼
		Touch LED
port5		Bumper (Touch) ▼
		Gyro Sensor
port6		Color Sensor ▶
		Motor ▼

图7.5 电机与传感器设置

7.1.3 触碰传感器功能

（1）开关

触碰传感器作为开关使用时，当触碰传感器被按下，传感器反馈值为 1；当传感器未被按下时，传感器反馈值为 0。可使用函数 getBumperValue（bumpSwitch）获取触碰传感器的反馈值。

触屏传感器除了跟触碰传感器一样作为开关使用，按下为 1，否则为 0，使用函数 getTouchLEDValue（touchLED）获取触碰传感器的反馈值；还可以通过设置 setTouchLEDColor 函数中颜色名称，可使传感器显示不同的颜色。

（2）检测障碍

当机器人上的触碰传感器遇到障碍物时，触发机器人避开障碍。

【知识点】

编制传感器程序，需要用到循环语句，实时监测传感器的值。循环语句有 repeat 循环、reapeat（forever）循环、repeatUntil 循环、while 循环、WaitUntil 循环。如图7.6所示。

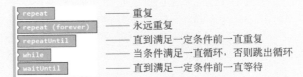

repeat	—— 重复
repeat (forever)	—— 永远重复
repeatUntil	—— 直到满足一定条件前一直重复
while	—— 当条件满足一直循环，否则跳出循环
waitUntil	—— 直到满足一定条件前一直等待

图7.6　循环结构

▶ 7.1.4　实例

【例 7.1】　自动跷跷板。

按照附录 2 搭建跷跷板，如图 7.7 所示。

图7.7　自动跷跷板

① 新建文件 example-7-1.rbg。

② 电机与传感器设置，见表 7.1。

表7.1 端口设置

端口 （Port）	名字 （Name）	类型 （Type）	方向 （Reversed）	驱动电机位置 （Drive Motor Side）
motor3	QMotor	VEX IQ Motor	☐	
port8	bumpSwitch-L	Bumper（Touch）		
port4	bumpSwitch-R	Bumper（Touch）		
port10	touchLED	Touch LED		

③ 硬件检测，如图 7.8 所示。

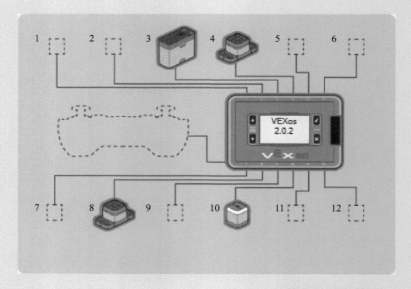

图7.8 硬件检测

④ 程序设计，如图 7.9 所示。

```
(1)> setTouchLEDColor ( touchLED ▼ , colorRed ▼ );          //设置触屏LED显示红色
(2)> waitUntil ( getTouchLEDValue(touchLED) ▼ == ▼ true ▼ );  //设置触屏LED
(3)> setTouchLEDColor ( touchLED ▼ , colorGreen ▼ );         //设置触屏LED显示绿色
(4)> repeat (    10  ⬍ ) {                                    //重复20次
(5)>    setMotor ( QMotor ▼ , 50 );                          //设置电机速度50，正转
(6)>    waitUntil ( getBumperValue(bumpSwitchL) ▼ == ▼ true );  //左触碰被按下
(7)>    setMotor ( QMotor ▼ , -50 );                         //设置电机速度-50，反转
(8)>    waitUntil ( getBumperValue(bumpSwitchR) ▼ == ▼ true );  //右触碰被按下
(9)> }
(10)> stopMotor ( QMotor ▼ );                                 //电机停止
(11) }
```

图7.9　程序设计

⑤ 程序功能。此跷跷板以触碰传感器作为开关，按下触屏 LED，它由红色变为绿色，启动跷跷板左右摆动，当跷跷板按下左触碰传感器时电机反转，按下右触碰传感器时电机正转，摆动 20 次结束。

【例 7.2】 机器人碰到障碍物后退 1s，然后掉头前进 2s。

按照附录 1 搭建基础车，在前方和后方均安装触碰传感器，在后方安装触屏传感器。如图 7.10 所示。

图7.10　基础车——触碰

① 新建文件：example-7-2.rbg。

② 配置电机和传感器，如表 7.2 所示。

表7.2　端口设置

端口 （Port）	名字 （Name）	类型 （Type）	方向 （Reversed）	驱动电机位置 （Drive Motor Side）
motor12	leftMotor	VEX IQ Motor	☐	Left
motor6	rightMotor	VEX IQ Motor	☑	Right
port7	bumpSwitch	Bumper（Touch）		
port1	touchLED	Touch LED		

③ 程序设计，如图 7.11 所示。

```
1   repeat (forever ) {                                          //永远重复
2       setTouchLEDColor ( touchLED , colorRed );                //设置TouchLED显示红色
3       while ( getTouchLEDValue(touchLED) == true ) {           //当TouchLED按下
4           setTouchLEDColor ( touchLED , colorGreen );          //设置TouchLED显示绿色
5           setMultipleMotors ( 20 , leftMotor , rightMotor , , , );  //设置电机以速度20前进
6           waitUntil ( getBumperValue(bumpSwitch) == true );    //判断是否撞到障碍物
7           backward ( 1 , seconds , 60 );                       //如果撞到障碍物，倒退2秒
8           turnLeft ( 400 , degrees , 30 );                     //左转400度(掉头)
9           forward ( 2 , seconds , 60 );                        //前进2秒
10      }
11      setTouchLEDColor ( touchLED , colorRed );                //设置TouchLED显示红色
12  }
13
```

图7.11　程序设计

④ 程序功能描述。该程序功能为如果按下显示红色的 TouchLED，开启程序，小车以 20 的速度前进，直到碰到障碍物，后退 1s，掉头前进 2s 停止，TouchLED 显示红色。

【例 7.3】 基础车前面和后面各安装一个触碰传感器，在后面安装一个触屏 LED。

任务：当按下触屏 LED 后，下车在两个障碍物之间往返 4 次。

① 新建文件：example-7-3.rbg。

② 电机和传感器设置，见表 7.3。

表7.3　端口设置

端口 （Port）	名字 （Name）	类型 （Type）	方向 （Reversed）	驱动电机位置 （Drive Motor Side）
motor12	leftMotor	VEX IQ Motor	☐	Left
motor6	rightMotor	VEX IQ Motor	☑	Right
port7	bumpSwitch	Bumper（Touch）		
port1	touchLED	touchLED		
port2	bumpSwitch-back	Bumper（Touch）		

③ 程序设计，如图 7.12 所示。

```
1  repeat (forever) {                                              //无限循环
2    setTouchLEDColor ( touchLED ▼ , colorRed ▼ );                 //设置触屏LED为红色
3    while ( getTouchLEDValue(touchLED) ▼  ==  true ) {            //当按下触屏LED时
4      setTouchLEDColor ( touchLED ▼ , colorGreen ▼ );             //设置触屏LED为绿色
5      repeat ( 4 : ) {                                  //循环4次
6        setMultipleMotors ( 50 , leftMotor ▼ , rightMotor ▼ , ▼ , ▼ );       //以50速度前进
7        waitUntil ( getBumperValue(bumpSwitch) ▼  ==  true ▼ );              //前方触碰碰到障碍
8        setMultipleMotors ( -50 , leftMotor ▼ , rightMotor ▼ , noMotor ▼ , noMotor ▼ );  //以50速度后退
9        waitUntil ( getBumperValue(bumpSwitchback) ▼  ==  true ▼ );          //后方触碰碰到障碍
10       }
11     stopMultipleMotors ( leftMotor ▼ , rightMotor ▼ , noMotor ▼ , noMotor ▼ );   //停止左右电机
12     setTouchLEDColor ( touchLED ▼ , colorRed ▼ );               //设置触屏LED为红色
13     }
14   }
15 }
```

图7.12　程序设计

④ 程序功能描述。如果按下显示红色的 TouchLED，开启程序，小车以 50 的速度前进，直到碰到障碍物，以 50 的速度后退，直到碰到障碍物，在两个障碍物之间往复 4 次，停止运动，TouchLED 显示红色。

【例 7.4】 小车（搭建过程参考附录 1）用两个触碰传感器控制机器人运动。如果触碰传感器 1 按下，机器人左转；如果触碰传感器 2 按下，机器人右转；如果同时按下，机器人直行，同时放开后，机器人停止。如图 7.13 所示。

图7.13 双触碰控制机器人

① 新建文件 example-7-4.rbg。

② 电机和传感器设置，见表 7.4。

表7.4 端口设置

端口 （Port）	名字 （Name）	类型 （Type）	方向 （Reversed）	驱动电机位置 （Drive Motor Side）
motor12	leftMotor	VEX IQ Motor	☐	Left
motor6	rightMotor	VEX IQ Motor	☑	Right
port11	bumpSwitch1	Bumper（Touch）		
port5	bumpSwitch2	Bumper（Touch）		

③ 硬件检测，如图 7.14 所示。

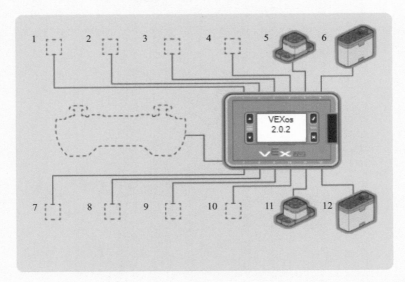

图7.14 硬件检测

④ 程序设计，如图 7.15 所示。

```
1  repeat (forever ) {
2    if ( getBumperValue(bumpSwitch1) == true ) {        //触碰1按下
3      if ( getBumperValue(bumpSwitch2) == true ) {       //触碰2按下
4        setMultipleMotors ( 20 , leftMotor , rightMotor , noMotor , noMotor );   //直行
5      } else {
6        setMotor ( leftMotor , -20 );                    //左转
7        setMotor ( rightMotor , 20 );
8      }
9    } else {
10     if ( getBumperValue(bumpSwitch2) == true ) {       //触碰1按下，触碰2释放
11       setMotor ( leftMotor , 20 );                     //右转
12       setMotor ( rightMotor , -20 );
13     } else {                                           //触碰1和触碰2同时释放
14       stopMultipleMotors ( leftMotor , leftMotor , noMotor , noMotor );   //停止
15     }
16   }
17 }
18
```

图7.15 程序设计

【例 7.5】 平移小车，当按下触碰传感器后，小车以 60 的速度前进 2s，以 50 的速度左平移 1s，以 30 的速度左转 2 圈，以 50 的速度后退 1s，以 50 的速度右平移 1s 后停止。

按照附录 3 的搭建步骤搭建平移小车。如图 7.16 所示。

图7.16 平移小车

① 新建文件：example-7-5.rbg。

② 电机和传感器设置，见表 7.5。

表7.5 端口设置

端口 （Port）	名字 （Name）	类型 （Type）	方向 （Reversed）	驱动电机位置 （Drive Motor Side）
motor12	leftMotor	VEX IQ Motor	☐	Left
motor6	rightMotor	VEX IQ Motor	☑	Right
motor7	HMotor	VEX IQ Motor		
port12	bumpSwitch	Bumper（Touch）		

③ 程序设计，如图 7.17 所示。

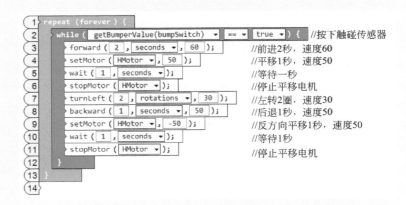

图7.17 程序设计

④ 程序功能描述。如果按下触碰传感器 bumpSwitch，开启程序，以 60 的速度前进 2s，以 50 的速度左平移 1s，以 30 的速度左转 2 圈，以 50 的速度后退 1s，以 50 的速度右平移 1s 后停止。

7.2 颜色传感器

颜色传感器（图 7.18）用于检测物体的颜色，能测量基本的颜色、色调、独立的红绿蓝等 256 色，并可测量环境光、灰度值。

图7.18　颜色传感器

➤ 7.2.1　颜色传感器工作原理

　　VEX IQ 颜色传感器工作方式有色相模式、色彩模式、灰度模式和颜色接近值模式，有5个内置传感器来检测光线波长。

　　（1）色相模式（Color-Hue）

　　当检测一个颜色时，颜色传感器使用 3 个内置传感器分别检测红光、绿光和蓝光的波长。物体表面发出来的光传给传感器，传感器通过组合返回来的值，生成"色彩"值，范围 0 ~ 255，它相当于颜色范围。标准红色、绿色、蓝色的色彩值为 0、85、171。如果颜色传感器读到的值为 0，表明它看到红色物体，其他颜色的值在红色、蓝色和绿色之间。例如，黄色是红色和绿色的混合，因此它的色彩值是红色和绿色的色彩值之和的一半，值为 42。如图 7.19 所示。

| 0 | 42 | 85 | 171 |

图7.19　色彩值

（2）色彩模式（Color-Color Name）

编程时，可以直接在程序中使用色彩值，或者使用颜色名。可使用的颜色名（Color Names）如图 7.20 所示。

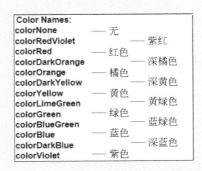

图7.20　颜色变量名

（3）灰度模式（Color-Grayscale）

使用灰度模式（Distance Close）。传感器的 LED 灯会打开，它会用第 4 个内置传感器检测物体表面反射回来的光亮度值（也称灰度值）。当传感器指向黑色物体表面时，更多的光线被吸收，所以反射回来的光亮度值低；而传感器指向白色物体表面，更多的光线被反射，因此反射回来的光亮度值高。灰度值的范围为 0 ~ 1023。如图 7.21 所示。

图7.21　灰度值

101

（4）颜色接近值模式（Color-Grayscale）

使用颜色接近值模式，检测传感器离物体的接近度时使用第 5 个传感器，它有一个红外发射和接收器，发射端发出肉眼看不见的红外光，而接收端检测有多少光被反射回来。

传感器越接近物体，反射的光线越多，值也越大；传感器离物体越远，返回的光越少，值也越小。颜色接近值不会反映物体本身的光亮强度，但是可以知道值越大表示传感器越接近物体，值越小表示传感器离物体越远，颜色接近值范围 0 ～ 1023。这样我们就可以大致检测传感器离物体的远近。如图 7.22 和图 7.23 所示。

图7.22　颜色接近值与距离成反比

0(远)　　　　　　　　　　　　　　1023(近)

图7.23　检测值范围

▶ 7.2.2 电机与传感器设置

打开电机与传感器设置界面，设置传感器连接的对应端口（本例为 port3）为颜色传感器 colorDetector，类型选择 Color - Hue 即可。如图 7.24 所示。

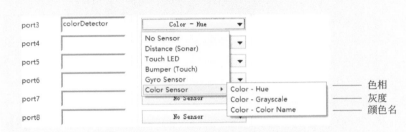

图7.24 设置颜色传感器

▶ 7.2.3 颜色传感器功能

（1）识别颜色

采摘果实机器人经常需要识别果实的颜色来鉴别果实是否成熟，无人驾驶汽车也需要在交叉路口识别红绿灯来决定是停止还是继续行驶。机器人就是靠颜色传感器实现上述功能的。

（2）单颜色传感器巡线

机器人（搭建过程见附录4）巡线，并不是真正在线上走，而是在黑线左边缘或右边缘巡线。单颜色传感器巡线是一个常见的机器人比赛项目，通过颜色传感器让机器人感知黑线的位置，以便调整左、右电机速度，实现沿线行走。

测量传感器在黑线上的反射值 a_1 和不在黑线上的反射值 a_2，取阈值为 $(a_1+a_2)/2$。如图 7.25 和图 7.26 所示。

图7.25　读黑线上反射值a_1

图7.26　不在黑线上反射值a_2

如果颜色传感器检测反射值较小，说明它压在黑线上，需要左电机速度小于右电机，使机器人向左偏转，如图 7.27 所示；反之，如果检测到反射值较大，说明颜色传感器偏离黑线，需要左电机速度大于右电机，使机器人向右偏转，如图 7.28 所示。

图7.27　检测到反射值小

图7.28　检测到反射值大

【知识点】 如何求阈值（临界值)?

当机器人在巡黑线时，在程序中需要设定阈值。打开控制器，点击两次 ⊠，出现如图 7.29 所示界面。

```
Settings
System Info
Device Info
Sound On
Calibrate Controller
Start at: Home
☑Select        ☒Programs
```

图7.29 屏幕信息1

选择"Device Info"，将颜色传感器接近白色区域，显示灰度值为 761，将颜色传感器接近黑色区域，显示灰度值为 9，则阈值为 (761+9)/2=385。实际阈值根据环境实测为准，一般巡黑线阈值为 100 左右。如图 7.30 和图 7.31 所示。

```
Device Menu
Port 02 Color Sensor
Mode Gray Scale
Value 761
Distance Close
Press ☑changes Mode
↕ More        ☒Exit
```

图7.30 屏幕信息2

```
Device Menu
Port 02 Color Sensor
Mode Gray Scale
Value 9
Distance Close
Press ☑changes Mode
↕ More        ☒Exit
```

图7.31 屏幕信息3

（3）双颜色传感器巡线

单颜色传感器巡线速度很慢，如何改进机器人，使其快速沿线行走呢？可以增加一个颜色传感器，使机器人具有两个颜色传感器。这时，必须考虑4种可能的情况：

① 左颜色传感器检测到黑线，右颜色传感器检测到白线。

② 右颜色传感器检测到黑线，左颜色传感器检测到白线。

③ 两个颜色传感器同时检测到黑线。

④ 两个颜色传感器同时检测到白线。

考虑到4种情形下机器人的运动状态，不要有所遗漏。编写程序后，要在不同情况下测试。图7.32为不同情况下机器人的运动状态。

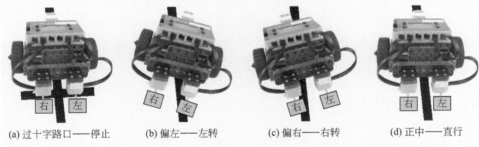

(a) 过十字路口——停止　　(b) 偏左——左转　　(c) 偏右——右转　　(d) 正中——直行

图7.32　机器人运动状态

在机器人左前、右前分别放置一个颜色传感器，其中左前为colorDetector1，右前为colorDetector2。当左前1号检测到黑线，右前2号检测到黑线，检测到十字路口停止；当左前1号检测到黑线，右前2号检测到白线，机器人左转；当左前1号检测到白线，右前2号检测到黑线，机器人右转；当都没有检测到黑线，机器人直行。双颜色传感器不仅可以使机器人的行进速度加快，而且可以使机器人在如交叉路口等复杂情况下停止。

7.2.4 实例

按照附录 4 搭建步骤搭建机器人。如图 7.33 所示。

图7.33　机器人

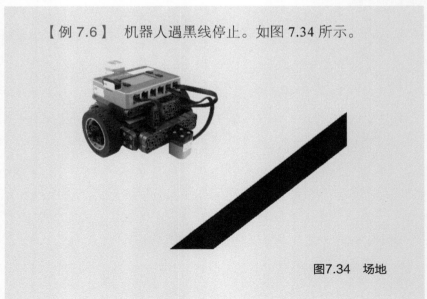

【例 7.6】　机器人遇黑线停止。如图 7.34 所示。

图7.34　场地

① 新建文件 example-7-6.rbg。

② 电机与传感器设置，见表 7.6。

表7.6　端口设置

端口 （Port）	名字 （Name）	类型 （Type）	方向 （Reversed）	驱动电机位置 （Drive Motor Side）
motor1	leftMotor	VEX IQ Motor	☐	Left
motor6	rightMotor	VEX IQ Motor	☑	Right
port2	colorDetector	Color – Grayscale		
port12	touchLED	Touch LED		

③ 硬件检测，如图 7.35 所示。

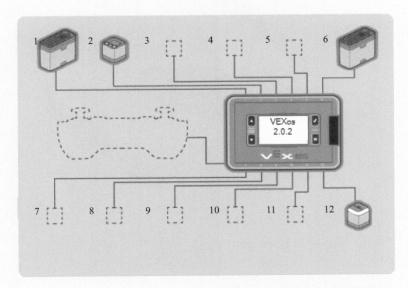

图7.35　硬件检测

④ 程序设计，如图 7.36 所示。

```
1  setTouchLEDColor ( touchLED  ,  colorRed  );              //设置触屏LED为红色
2  waitUntil ( getTouchLEDValue(touchLED)  ==  1 );          //按下触屏LED
3  setTouchLEDColor ( touchLED  ,  colorGreen  );            //设置触屏LED为绿色
4  setMultipleMotors ( 20 ,  leftMotor  ,  rightMotor  ,  noMotor  ,  noMotor  );  //前进，速度20
5  waitUntil ( getColorGrayscale(colorDetector)  <  100  );  //颜色传感器检测到黑线
6  stopAllMotors ( );                                        //停止
7
```

图7.36　程序设计

【例 7.7】　机器人前后各一个颜色传感器，在 2 条黑线之间往返 3 次。如图 7.37 所示。

图7.37　场地

① 新建文件 example-7-7.rbg。
② 电机与传感器设置，见表 7.7。

表7.7　端口设置

端口 （Port）	名字 （Name）	类型 （Type）	方向 （Reversed）	驱动电机位置 （Drive Motor Side）
motor12	leftMotor	VEX IQ Motor	☐	Left
motor6	rightMotor	VEX IQ Motor	☑	Right
port7	colorDetector	Color – Grayscale		
port7	colorDetectorback	Color – Grayscale		
port5	touchLED	Touch LED		

③ 硬件检测，如图 7.38 所示。

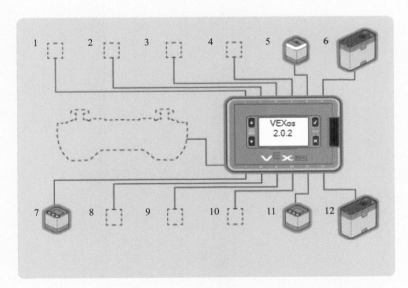

图7.38　硬件检测

④ 程序设计，如图 7.39 所示。

```
1  setTouchLEDColor ( touchLED ▼ , colorRed ▼ );                              //设置触屏LED为红色
2  waitUntil ( getTouchLEDValue(touchLED) ▼  == ▼  true );                     //按下触屏LED
3  setTouchLEDColor ( touchLED ▼ , colorGreen ▼ );                            //设置触屏LED为绿色
4  repeat ( 3 ▲ ) {                                                            //重复3次
5    setMultipleMotors ( 20 , leftMotor ▼ , rightMotor ▼ , noMotor ▼ , noMotor ▼ );    //前进，速度20
6    waitUntil ( getColorGrayscale(colorDetector) ▼  < ▼  80 ▲ );              //前方颜色传感器检测到黑线
7    setMultipleMotors ( -20 , leftMotor ▼ , rightMotor ▼ , noMotor ▼ , noMotor ▼ );   //后退，速度20
8    waitUntil ( getColorGrayscale(colorDetectorback) ▼  < ▼  80 ▲ );          //后方颜色传感器检测到黑线
9  }
10 stopAllMotors ( );                                                          //停止
11
```

图7.39　程序设计

【例 7.8】　左巡黑线。

搭建单颜色传感器巡线机器人。如图 7.40 所示。

图7.40　单颜色传感器巡线机器人

① 新建文件 example-7-8.rbg。

② 硬件检测，如图 7.41 所示。

图7.41　硬件检测

③ 电机和传感器设置，见表 7.8。

表7.8　端口设置

端口 （Port）	名字 （Name）	类型 （Type）	方向 （Reversed）	驱动电机位置 （Drive Motor Side）
motor1	leftMotor	VEX IQ Motor	☐	Left
motor6	rightMotor	VEX IQ Motor	☑	Right
port2	colorDetector	Color – Grayscale		
port12	touchLED	Touch LED		

④ 程序设计，如图 7.42 所示。

```
1  setTouchLEDColor ( touchLED ▾ , colorRed ▾ );        //设置触碰LED为红色
2  waitUntil ( getTouchLEDValue(touchLED) ▾  == ▾  1 ▾ );  //按下触碰LED
3  setTouchLEDColor ( touchLED ▾ , colorBlueGreen ▾ );    //设置触碰LED为绿色
4  repeat (forever ) {
5      lineTrackLeft ( colorDetector ▾ , 120 , 20 , 0 );     //左巡线
6  }
7
                            阈值20  高速20  低速20
```

图7.42　程序设计

【例 7.9】　单颜色传感器右巡黑线（机器人同图 7.40）。

① 新建文件 example-7-9.rbg。

②～③ 步骤同例 7.8。

④ 程序设计，如图 7.43 所示。

```
1  setTouchLEDColor ( touchLED ▾ , colorRed ▾ );        //设置触碰LED为红色
2  waitUntil ( getTouchLEDValue(touchLED) ▾  == ▾  1 ▾ );  //按下触碰LED
3  setTouchLEDColor ( touchLED ▾ , colorBlueGreen ▾ );    //设置触碰LED为绿色
4  repeat (forever ) {
5      lineTrackRight ( colorDetector ▾ , 120 , 20 , 0 );    //右巡线
6  }
7
                            阈值20  高速20  低速20
```

图7.43　程序设计

【例 7.10】 双颜色传感器巡黑线机器人。如图 7.44 所示。

图7.44　双颜色传感器巡黑线场地

① 新建文件 example-7-10.rbg。

② 硬件检测，如图 7.45 所示。

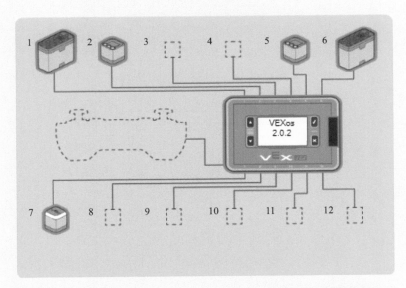

图7.45　硬件检测

③ 电机和传感器设置，见表 7.9。

表7.9 端口设置

端口 （Port）	名字 （Name）	类型 （Type）	方向 （Reversed）	驱动电机位置 （Drive Motor Side）
motor1	leftMotor	VEX IQ Motor	☐	Left
motor6	rightMotor	VEX IQ Motor	☑	Right
port2	colorDetector1	Color – Grayscale		
port5	colorDetector2	Color – Grayscale		
port12	touchLED	Touch LED		

④ 程序设计，如图 7.46 所示。

```
1   setTouchLEDColor ( touchLED ▼ , colorRed ▼ );           //设置触屏LED为红色
2   waitUntil ( getTouchLEDValue(touchLED) ▼ == ▼ 1 );      //设置触屏LED
3   setTouchLEDColor ( touchLED ▼ , colorBlueGreen ▼ );     //设置触屏LED为红色
4   repeat (forever) {
5     if ( getColorGrayscale(colorDetector1) ▼ < ▼ 120 ) {  //左1号颜色传感器检测黑线
6       if ( getColorGrayscale(colorDetector2) ▼ < ▼ 120 ) { //右2号颜色传感器检测黑线
7         stopMultipleMotors ( leftMotor ▼ , rightMotor ▼ , noMotor ▼ , noMotor ▼ );
8       } else {    //双颜色传感器检测均为黑线，停止，否则右2号检测为白线，向左转
9         setMotor ( leftMotor ▼ , 0 );     //左电机速度为0
10        setMotor ( rightMotor ▼ , 30 );   //右电机速度为30
11      }
12    } else {   //左1号颜色传感器检测均为白线，右2号检测为黑线，向右转
13      if ( getColorGrayscale(colorDetector2) ▼ < ▼ 120 ) {
14        setMotor ( leftMotor ▼ , 30 );    //左电机速度为30
15        setMotor ( rightMotor ▼ , 0 );    //右电机速度为0
16      } else {   //双颜色传感器检测均为白线，直行
17        setMultipleMotors ( 50 , leftMotor ▼ , rightMotor ▼ , noMotor ▼ , noMotor ▼ );
18      }
19    }
20  }
21 }
```

图7.46 程序设计

7.3 超声波传感器 ◀◀◀

超声波传感器（图 7.47）采用超声波测量距离，可测量 2 ～ 18 in 范围内的距离，并可连续测量距离，以尽量减少延误，测量速度可达 3000 次 /s。

图7.47　超声波传感器

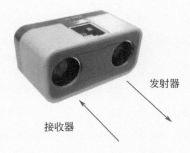

发射器

接收器

图7.48　工作原理

▶ 7.3.1 超声波传感器工作原理

超声波传感器也称距离传感器，它使用声波检测距离，有两个端口，一个发出端发送声波，另外接收端接收发回来的声波（图7.48）。传感器通过超声波发出和返回的时间差来计算离物体的距离。

① 测量距离 50 ～ 1000mm（2 ～ 38in）。

② 最佳距离 50 ～ 450mm（2 ～ 18in）。

▶ 7.3.2 电机与传感器设置

打开电机传感器设置界面，设置传感器连接的对应端口（本例为 port7）为距离传感器 distanceMM，类型选择 Distance（Sonar）即可。如图 7.49 所示。

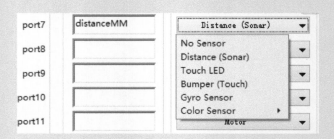

图7.49 距离传感器设置

▸7.3.3　超声波传感器功能

① 实时测量距离。蝙蝠用声波导航，通过发出高频率的声音，然后通过听声音反弹回来，就能确定是否有什么东西在它们的道路上。机器人可以使用类似的方法，在人类听觉的频率上发射一个短促声波，然后精确测量声音反弹回来的时间，通过对声音的速度和传输时间的了解，可以计算出距离。

VEX IQ 距离传感器使用 MSP430 微控制器以 16MHz 的频率产生脉冲和测量声波反射时间。也就是说距离传感器通过发射超声波与接收反射波之间的时间差，通过一定算法换算成距离。

在商用雷达系统中使用对数放大器和自动增益控制两种特性，提高了精度和测量范围。激光雷达就是一个简单、灵活、强大的智能距离传感器。

② 避障。距离传感器和触碰传感器一样具有避障功能，区别是触碰传感器只有撞上障碍物时才触发避障，而距离传感器可以设置一定的距离避开障碍。距离传感器的避障功能可以用在汽车的辅助驾驶上，当人疲劳时，汽车撞向一个物体，汽车的辅助驾驶系统会自动控制汽车减速以避免与物体相撞。

③ 导航。距离传感器的最佳用途是帮助导航。人走迷宫时，能看到房间的布局，避免撞到墙壁是很容易的。而机器人走迷宫时，可以通过距离传感器在迷宫中导航，它通过测量它与周围墙壁的距离而确定机器人的位置，这样机器人可以避开墙壁，顺利穿过房间。

④ 支持事件编程以简化软件。

7.3.4 实例

【例 7.11】 机器人离墙壁 100mm 停止。

按附录 1 步骤搭建避障机器人。如图 7.50 所示。

图7.50 避障机器人

① 新建文件 example-7-11.rbg。

② 电机与传感器端口设置，见表 7.10。

表7.10 端口设置

端口 （Port）	名字 （Name）	类型 （Type）	方向 （Reversed）	驱动电机位置 （Drive Motor Side）
motor12	leftMotor	VEX IQ Motor	☐	Left
motor6	rightMotor	VEX IQ Motor	☑	Right
port1	distanceMM	Distance（Sonar）		
port5	touchLED	Touch LED		

③ 硬件检测，如图 7.51 所示。

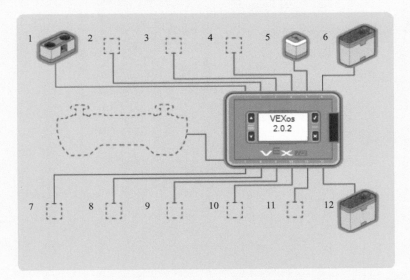

图7.51　硬件检测

④ 程序设计，如图 7.52 所示。

① setTouchLEDColor (touchLED ▼ , colorRed ▼);	//设置触屏LED红色
② waitUntil (getTouchLEDValue(touchLED) == ▼ true ▼);	//按下触屏LED
③ setTouchLEDColor (touchLED ▼ , colorGreen ▼);	//设置触屏LED绿色
④ setMultipleMotors (50 , leftMotor ▼ , rightMotor ▼ , ▼ , ▼);	//以50速度前进
⑤ waitUntil (getDistanceValue(distanceMM) ▼ < ▼ 200);	//当与障碍物的距离小于100mm
⑥ stopMultipleMotors (leftMotor ▼ , rightMotor ▼ , ▼ , ▼);	//停止
⑦	

图7.52　程序设计

【例 7.12】　机器人壁障。

①新建文件 example-7-12.rbg。

②电机与传感器设置，同例 7.11。

③程序设计，如图 7.53 所示。

```
 1 ) setTouchLEDColor ( [ touchLED ▼ ] , [ colorRed ▼ ] );        //设置触屏LED为红色
 2 ) waitUntil (   [ getTouchLEDValue(touchLED) ▼ ] [ == ▼ ] [ true ▼ ] );   //按下触屏LED
 3 ) setTouchLEDColor ( [ touchLED ▼ ] , [ colorGreen ▼ ] );       //设置触屏LED为绿色
 4 ) repeat (forever ) {                                           //无限循环
 5 )    if ( [ getDistanceValue(distanceMM) ▼ ] [ > ▼ ] [ 100 ] ) {   //判断与障碍物之间的距离是否大于100
 6 )       setMotor ( [ leftMotor ▼ ] , [ 50 ] );                  //直行，速度50
 7 )       setMotor ( [ rightMotor ▼ ] , [ 50 ] );
 8 )    } else {
 9 )       stopAllMotors ( );                                      //如果与障碍物之间距离小于100，则停止
10 )       wait ( [ 1 ] , [ seconds ▼ ] );                         //等待1秒
11 )       backward ( [ 2 ] , [ seconds ▼ ] , [ 50 ] );            //后退2秒，速度50
12 )       turnRight ( [ 1 ] , [ seconds ▼ ] , [ 50 ] );           //右转1秒，速度50
13 )    }
14 ) }
15 )
```

图7.53　程序设计

④ 程序功能。机器人距离障碍物 100mm 时，停止 1s，后退 2s，右转 1s，进入下一循环。

【例 7.13】　迷宫如图 7.54 所示，机器人从起始点入口出发，到达终点出口，用时最少者胜。

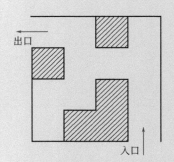

图7.54　机器人和场地

机器人走迷宫，机器人前方和左侧各一个超声波传感器，假定超声波距离墙壁 100mm（具体根据实际场地情况设置距离），若大于100mm，则机器人认为没有墙壁。程序设计时需要考虑下述 4 种情况。

a. 如果左方无墙壁，前方无墙壁，左转。

b. 如果左方无墙壁，前方有墙壁，右转。

c. 如果左方有墙壁，前方无墙壁，直行。

d. 如果左方有墙壁，前方有墙壁，右转。

① 新建文件 example-7-13.rbg。

② 电机和传感器设置如表 7.11 所示。

表7.11　端口设置

端口 （Port）	名字 （Name）	类型 （Type）	方向 （Reversed）	驱动电机位置 （Drive Motor Side）
motor12	leftMotor	VEX IQ Motor	☐	Left
motor6	rightMotor	VEX IQ Motor	☑	Right
port1	distanceMM	Distance（Sonar）		
port7	distanceMM-left	Distance（Sonar）		
port5	touchLED	Touch LED		

③ 硬件检测，如图 7.55 所示。

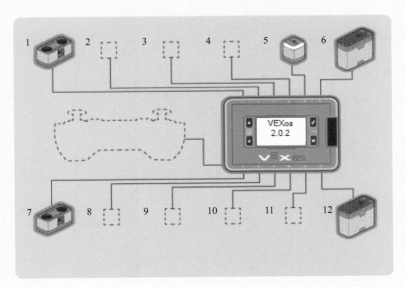

图7.55　硬件检测

④ 程序设计，如图 7.56 所示。

```
1  // 触屏传感器作为开关
2  setTouchLEDColor ( touchLED ▾ , colorRed ▾ );          // 设置触屏传感器为红色
3  waitUntil ( getTouchLEDValue(touchLED) ▾ == ▾ true ▾ );  // 按下触屏传感器
4  setTouchLEDColor ( touchLED ▾ , colorGreen ▾ );         // 设置触屏传感器为绿色
   // 设置距离传感器范围最大距离为300
6  setDistanceMaxRange ( distanceMM ▾ , 300 );
7  setDistanceMaxRange ( distanceMM_left ▾ , 300 );
8  repeat ( forever ) {
   // 电机重置
10     resetMotorEncoder ( leftMotor ▾ );
11     resetMotorEncoder ( rightMotor ▾ );
12     if ( getDistanceValue(distanceMM_left) ▾ > ▾ 200 ) {   // 左侧大于200毫米
       // 左侧无墙壁
14         if ( getDistanceValue(distanceMM) ▾ > ▾ 200 ) {     // 前方大于200毫米
           // 左侧无墙壁，前方无墙壁，左转
16             wait ( 450 , milliseconds ▾ );                  // 等待450毫秒
17             turnLeft ( 220 , degrees ▾ , 30 );              // 左转220度(车实际转90度)
18             stopAllMotors ( );                              // 停止
19             wait ( 100 , milliseconds ▾ );                  // 等待100毫秒
20             setMotor ( leftMotor ▾ , 50 );                  // 直行，速度50
21             setMotor ( rightMotor ▾ , 50 );
22             wait ( 2 , seconds ▾ );                         // 等待2秒
23         } else {
           // 左侧无墙壁，前方有墙壁，右转
25             wait ( 600 , milliseconds ▾ );                  // 等待600毫秒
26             turnRight ( 220 , degrees ▾ , 30 );             // 右转220度(车实际右转90度)
27             stopAllMotors ( );                              // 停止
28             wait ( 100 , milliseconds ▾ );                  // 停止100毫秒
29             setMotor ( leftMotor ▾ , 50 );                  // 直行，速度50
30             setMotor ( rightMotor ▾ , 50 );
31             wait ( 1 , seconds ▾ );                         // 等待1秒
32         }
33     } else {
       // 左侧墙壁
35         if ( getDistanceValue(distanceMM) ▾ > ▾ 200 ) {
           // 左侧墙壁，前方无墙壁，直行
37             setMotor ( leftMotor ▾ , 50 );                  // 直行，速度50
38             setMotor ( rightMotor ▾ , 50 );
39         } else {
           // 左侧墙壁，前方墙壁，右转
41             wait ( 400 , milliseconds ▾ );                  // 等待400毫秒
42             turnRight ( 220 , degrees ▾ , 30 );             // 右转220度(车实际右转90度)
43             stopAllMotors ( );                              // 停止
44             wait ( 100 , milliseconds ▾ );                  // 等待100毫秒
45             setMotor ( leftMotor ▾ , 50 );                  // 直行，速度50
46             setMotor ( rightMotor ▾ , 50 );
47             wait ( 1 , seconds ▾ );                         // 等待1秒
48         }
49     }
50  }
51 }
```

图7.56　程序设计

⑤ 程序功能。此程序测试场地是边长为120cm的正方形，5块障碍物是边长为30cm的正方体。机器人从入口出发，可以通过迷宫到达出口。

7.4 陀螺仪传感器 ◀◀◀

陀螺仪传感器用于测量转弯速率并计算出方向。高达500（°）/s测量旋转速率，连续计算机器人的方向，高达3000次/s测量速度。

7.4.1 陀螺仪传感器工作原理

图7.57 陀螺仪传感器

VEX IQ 陀螺仪传感器（图7.57）是一种MEMS（micro-electromechanical system）陀螺仪传感器，在传感器内部有一个立方块，该立方块在通电情况下收缩，在未通电情况下扩张返回。该立方块在有电流和无电流的情况下就像弹簧一样不断地收缩和扩张，但是它会一直保持在一个方向上运动，除非有外力推动它。当机器人转弯时带动传感器转动，立方块还是试着在同一方向运动，但是目前运动方向偏离了主体，用这个偏移量测量传感器转动的角度，并且不转动时的外力影响可以用另外一个立方块抵消。

　　VEX IQ 陀螺仪传感器使用 MSP430 微处理器以 16MHz 的频率来处理请求和计算角度。MSP430 通过 10MHz SPI 总线与最新的 MEMS 陀螺仪进行通信。MEMS 陀螺仪以 16 位分辨率测量转速。数据经过滤波和追踪时间计算距离。所有这些技术的综合使用，制造出一个简单、灵活、强大的智能陀螺仪。

　　VEX IQ 陀螺仪传感器在转动时会返回一个为正或为负的整数值，顺着箭头方向转动为正，反之为负。将陀螺仪传感器安装在机器人上就可以实时测量机器人转动的角度，以确定机器人的运动方向。

　　① 测量转速高达 500（°）/s。

　　② 实时计算机器人方向。

　　③ 支持事件编程以简化软件。

　　④ 测量角度频率高达 3000 次 /s。

　　陀螺仪返回值有以下选项（见图 7.58）：

```
getGyroDegrees(gyroSensor)
getGyroHeading(gyroSensor)
getGyroRate(gyroSensor)
getGyroDegreesFloat(gyroSensor)
getGyroHeadingFloat(gyroSensor)
getGyroRateFloat(gyroSensor)
getGyroSensitivity(gyroSensor)
getGyroCalibrationFlag(gyroSensor)
getGyroOverRangeFlag(gyroSensor)
```

图7.58　命令列表

　　（1）getGyroDegrees（gyroSensor）

　　陀螺仪传感器返回值：度数；数据类型：long，逆时针为正，顺时针为负。

（2）getGyroDegreesFloat（gyroSensor）

陀螺仪传感器返回值：度数；数据类型：float，逆时针为正，顺时针为负。

（3）getGyroHeading（gyroSensor）

① 返回值：基于重置点（0°）的角度（角度相对于重置点的变化量，而不是基于当前位置的变化。用于机器人恢复到重置点位置）。

② 数据类型：long。

③ 返回值范围：0 ～ 359。

（4）getGyroHeadingFloat（gyroSensor）

① 返回值：基于重置点的角度。

② 数据类型：float。

③ 返回值范围：0.00 ～ 359.00。

（5）getGyroRate（gyroSensor）

① 返回值：角度变化的速率，（°）/s。

② 数据类型：long。

（6）getGyroRateFloat（gyroSensor）

① 返回值：角度变化的速率，（°）/s。

② 数据类型：float。

（7）getGyroSensitivity（gyroSensor）

返回值：陀螺仪的灵敏度。

① 高灵敏度：62.5（°）/s。

② 正常：250（°）/s。

③ 低灵敏度：2000（°）/s。

（8）getGyroCalibrationFlag（gyroSensor）

返回值：陀螺仪校正标志位（0 或 1）。

（9）getGyroOverRangeFlag（gyroSensor）

返回值：陀螺仪超出范围标志位（0 或 1）。

➤ 7.4.2　电机与传感器设置

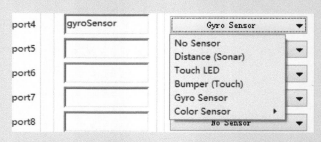

　　打开电机传感器设置界面，设置传感器连接的对应端口（本例为 Port4）为陀螺仪传感器 gyroSensor，类型选择 Gyro Sensor 即可。如图 7.59 所示。

图7.59　陀螺仪传感器设置

➤ 7.4.3　陀螺仪传感器功能

（1）精确转弯

　　陀螺仪的最佳用途是做出精确转弯。如果想要机器人从 A 点走一个正方形 ABCD，然后又回到 A 点，就需要机器人从 A 点出发直行，到达 B 点后精确左转 90°，然后直行到 C 点，再左转 90°，直行到 D 点，左转 90°直行回到起点 A。试想一下，如果机器人不能精确转弯 90°，机器人就不能回到起点 A 位置。

（2）导航

　　陀螺仪传感器通常也用于导航。通过追踪机器人转弯速度和方式，确定机器人所面对的方向。驱动程序将会记住机器人的方向，当它打开的时候，将机器人转动一下，当停下来的时候，陀螺仪会帮助它回到原来的方向。

➤ 7.4.4 实例

【例 7.14】 机器人直行 1s，左转 90°，再直行 1s。

机器人按附录 1 搭建步骤搭建，前方安装一个陀螺仪传感器，后方安装一个触屏 LED 传感器，如图 7.60 所示。

图7.60 机器人

① 新建文件 example-7-14.rbg。

② 电机与传感器设置，见表 7.12。

表7.12 端口设置

端口 （Port）	名字 （Name）	类型 （Type）	方向 （Reversed）	驱动电机位置 （Drive Motor Side）
motor12	leftMotor	VEX IQ Motor	☐	Left
motor6	rightMotor	VEX IQ Motor	☑	Right
port1	gyroSensor	Gyro Sensor		
port5	touchLED	Touch LED		

③ 硬件检测，如图 7.61 所示。

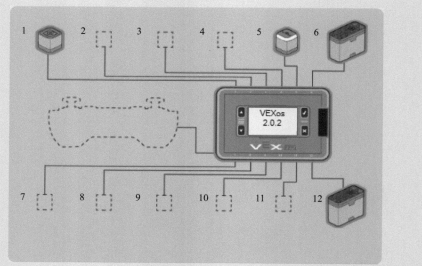

图7.61　硬件检测

④ 程序设计，如图 7.62 所示。

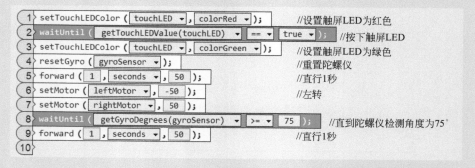

图7.62　程序设计

⑤ 程序功能。此程序根据实际环境修改陀螺仪的阈值，是在木地板地面上测试。由于机器人实际转角与左转惯性、与地面的摩擦力和陀螺仪的安装位置有关，因此，陀螺仪检测角度为 75° 时，而机器人实际转动 90°。

【例 7.15】 机器人走正方形。

机器人同例 7.14。

① 新建文件 example7-15.rbg。

② 电机与传感器设置，见表 7.13。

表7.13 端口设置

端口 （Port）	名字 （Name）	类型 （Type）	方向 （Reversed）	驱动电机位置 （Drive Motor Side）
motor12	leftMotor	VEX IQ Motor	☐	Left
motor6	rightMotor	VEX IQ Motor	☑	Right
port1	gyroSensor	Gyro Sensor		
port5	touchLED	Touch LED		

③ 硬件检测，如图 7.63 所示。

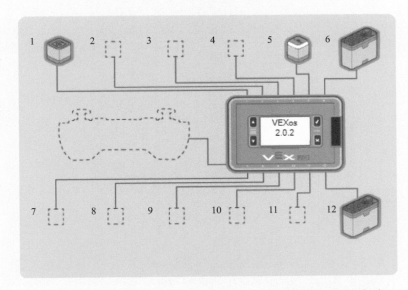

图7.63 硬件检测

④ 程序设计，如图 7.64 所示。

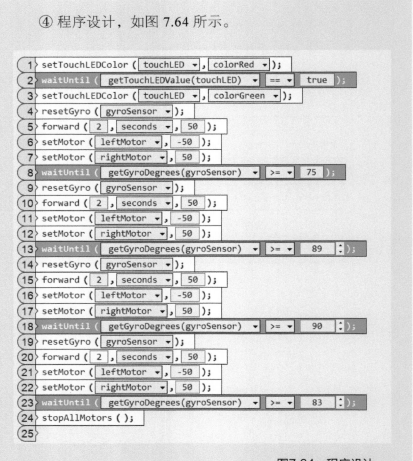

```
1  setTouchLEDColor ( touchLED ▾ , colorRed ▾ );
2  waitUntil ( getTouchLEDValue(touchLED) == ▾ true );
3  setTouchLEDColor ( touchLED ▾ , colorGreen ▾ );
4  resetGyro ( gyroSensor ▾ );
5  forward ( 2 , seconds ▾ , 50 );
6  setMotor ( leftMotor ▾ , -50 );
7  setMotor ( rightMotor ▾ , 50 );
8  waitUntil ( getGyroDegrees(gyroSensor) ▾ >= ▾ 75 );
9  resetGyro ( gyroSensor ▾ );
10 forward ( 2 , seconds ▾ , 50 );
11 setMotor ( leftMotor ▾ , -50 );
12 setMotor ( rightMotor ▾ , 50 );
13 waitUntil ( getGyroDegrees(gyroSensor) ▾ >= ▾ 89 );
14 resetGyro ( gyroSensor ▾ );
15 forward ( 2 , seconds ▾ , 50 );
16 setMotor ( leftMotor ▾ , -50 );
17 setMotor ( rightMotor ▾ , 50 );
18 waitUntil ( getGyroDegrees(gyroSensor) ▾ >= ▾ 90 );
19 resetGyro ( gyroSensor ▾ );
20 forward ( 2 , seconds ▾ , 50 );
21 setMotor ( leftMotor ▾ , -50 );
22 setMotor ( rightMotor ▾ , 50 );
23 waitUntil ( getGyroDegrees(gyroSensor) ▾ >= ▾ 83 );
24 stopAllMotors ( );
25
```

图7.64　程序设计

⑤ 程序功能。本程序走正方形，边长为 60cm，是在木地板上测试，由于摩擦力不同，每次转动角度并不一样。

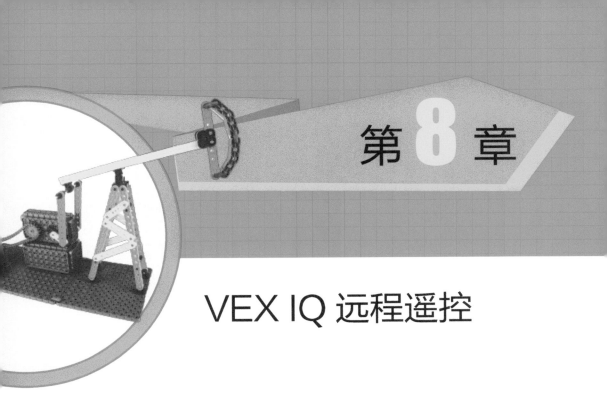

第**8**章

VEX IQ 远程遥控

VEX IQ比赛中有联队比赛、个人技能赛和自动比赛。其中联队比赛和个人技能赛都是遥控机器人完成规定的任务，自动比赛为机器人自主完成规定任务。大家都玩过遥控玩具汽车、遥控玩具飞机等遥控玩具，VEX IQ机器人也和遥控玩具汽车和遥控玩具飞机一样，可以通过遥控器远程遥控 VEX IQ机器人。

8.1 遥控器工作原理 ◀◀◀

（1）遥控器布局

VEX IQ遥控器有2个摇控杆，每个摇杆都有水平轴X轴和垂直轴Y轴，名称为ChA、ChB、ChC、ChD；且遥控器有8个按钮，名称为LUp/LDown、RUp/RDown、EUp/EDown、FUp/FDown。如图8.1所示。

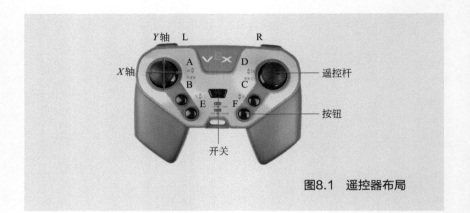

图8.1　遥控器布局

（2）遥控器连接

　　VEX IQ 遥控器通过无线模块与机器人通信，遥控器的驱动需要通过 VEXos Utility 软件安装。遥控器与机器人主控器配对通过蓝色网线，当主控器的指示灯绿色光闪烁时，表示已经配对成功。如图 8.2 和图 8.3 所示。

图8.2　无线模块

图8.3　遥控器与主控器配对

8.2 遥控程序设计 ◀◀◀

远程遥控的函数如图 8.4 所示。

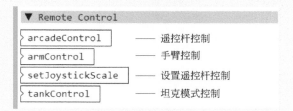

▼ Remote Control

arcadeControl —— 遥控杆控制
armControl —— 手臂控制
setJoystickScale —— 设置遥控杆控制
tankControl —— 坦克模式控制

图8.4 远程遥控

（1）遥控杆控制函数

这个函数将左和右电机同时设置为垂直摇杆和水平摇杆的返回值。

① 垂直摇杆将使整个机器人向前向后运动（缺省值：ChA）。

② 水平摇杆将使机器人向左和向右运动（点转）（缺省值：ChB）。

阈值（缺省值：10）用来确定传递给电机的最小返回值，这个值会产生一个"死区"，用来消除遥控器的摇杆不能回到零位置。

这个函数只有在一个循环中才有效，需要实时监测遥控器摇杆返回值。如图 8.5 所示。

图8.5　arcadeControl函数

（2）手臂控制函数

这个函数将手臂设置为：当按下按钮时按指定速度运动。电机速度范围为 -100 ～ 100。

当电机速度为正数时（例如 75）：

① Up 按钮按下前进（缺省值 BtnLUp）。

② Down 按钮按下后退（BtnLDown）。

当电机速度为负数时（例如 -75）：

③ Up 按钮按下后退（缺省值 BtnLUp）。

④ Down 按钮按下前进（BtnLDown）。

这个函数只有在一个循环中才有效，需要实时监测遥控器摇杆返回值。如图 8.6 所示。

图8.6　armControl函数

（3）设置遥控杆比例函数

遥控杆的返回值在 -100 ~ +100 之间。如果设置遥控杆比例，则摇控杆以设定的数字作为最大值，并对所有其他摇控杆返回值进行相应缩放。例如，设置遥控杆比例为 "50"，则所有摇控杆返回值降低一半。这个控制函数对于遥控更慢和更精确的动作是很有用的。如图 8.7 所示。

```
1  setJoystickScale ( 50 );        遥控杆比例：50
2  repeat (forever ) {
3      arcadeControl ( ChA ▾, ChB ▾, 10 );
4  }
5
```

图8.7　设置遥控杆比例

（4）坦克模式控制函数

该函数将左电机设置为 tankControl 函数的第一参数的遥控杆返回值，将右电机设置为第二参数遥控杆返回值。遥控杆返回值在 -100 ~ +100 之间。

阈值（缺省值：10）用来确定传递给电机的最小遥控杆返回值，这个值会产生一个"死区"，遥控杆的返回值在这个范围内将不会驱动电机，用来消除那些遥控杆被释放时不会返回零位的摇杆误差。

这个函数只有在一个循环中才有效。如图 8.8 所示。

```
1  repeat (forever ) {
2      tankControl ( ChD ▾, ChA ▾, 10 );
3  }
4
```

| ChA   ChA |
| ChB   ChB |
| ChC   ChC   阈值 |
| ChD   ChD |

　　　右电机　　　左电机

图8.8　tankControl函数

8.3 实例 ◄◄◄

【例 8.1】 用遥控杆 A 控制前进和后退，用遥控杆 C 控制左转和右转。

按照附录 1 搭建步骤搭建一个基础小车。如图 8.9 所示。

图8.9 基础小车

① 新建文件 example-8-1.rbg。

② 打开电机与传感器界面，设置电机。motor6 端口：右电机 rightMotor，反向。motor12 端口：左电机 leftMotor。如图 8.10 所示。

图8.10　Motors and Sensors界面

③ 打开 VEXos Utility 软件，检查电机和遥控的状态。如果为绿色边缘则为最新驱动程序。如图 8.11 所示。

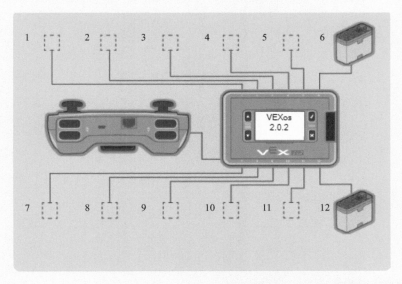

图8.11　电机与遥控硬件更新

④ 选择 "Robot->VEX IQ Controller Mode->TeleOP – Romote Controller Required"。远程遥控模式选择如图 8.12 所示。

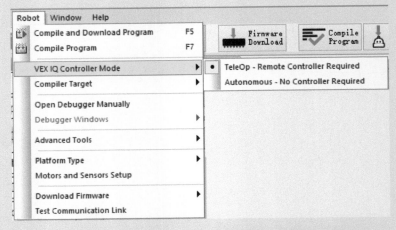

图 8.12　远程遥控模式选择

⑤ 编写程序。首先，将左侧函数列表框中循环结构 repeat（forever）拖入到程序编辑界面，然后将 Remote Control 函数组中 arcadeControl 函数拖入到循环结构的大括号中，选择参数 1 为 ChA，选择参数 2 为 ChC，阈值设为 20。如图 8.13 所示。

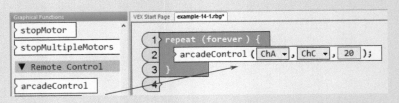

图8.13　arcadeControl遥控程序

⑥ 打开控制器和遥控器，单击下载 ⚒ Download to Robot 按钮，将程序下载到基础车中，就可以遥控小车了。

【例 8.2】 用遥控杆 A 控制左电机，用遥控杆 D 控制右电机。

基础车和程序设计步骤同【例 8.1】，程序如图 8.14 所示。

图8.14　tankControl遥控程序

【例 8.3】 用遥控杆 A 控制前进和后退，用遥控杆 C 控制左转和右转。用 EUp 控制机器手抬起，用 EDown 控制机器手放下。

任务：将场地边上的 3 个蓝色圈放到水平柱子的低杆上。

按照附录 5 搭建步骤搭建一个带机械手机器人。如图 8.15 所示。

图8.15　带机械手机器人

场地和机器人出发区如图 8.16 所示。

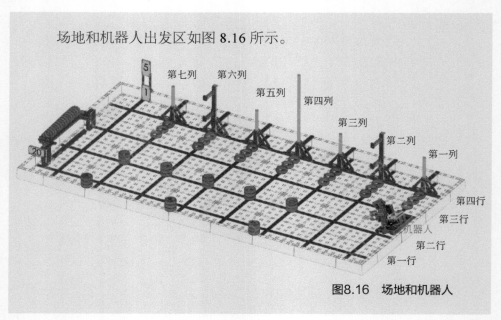

图8.16　场地和机器人

① 新建文件 example-8-3.rbg。

② 打开电机与传感器界面，设置电机。

电机端口 motor1 连接左电机 leftMotor，电机端口 motor6 连接右电机 rightMotor，电机端口 motor10 连接铲子电机 armMotor，反向。如图 8.17 所示。

	Name	Type	Reversed	Drive Motor Side
motor1	leftMotor	VEX IQ Motor	☐	Left
motor2		No motor		
motor3		No motor		
motor4		No motor		
motor5		No motor		
motor6	rightMotor	VEX IQ Motor	☑	Right
motor7		No motor		
motor8		No motor		
motor9		No motor		
motor10	armMotor	VEX IQ Motor	☑	None
motor11		No motor		
motor12		No motor		

图8.17　Motors and Sensors界面

③ 打开 VEXos Utility 软件，检查电机和遥控的状态。如果为绿色边缘则为最新驱动程序。如图 8.18 所示。

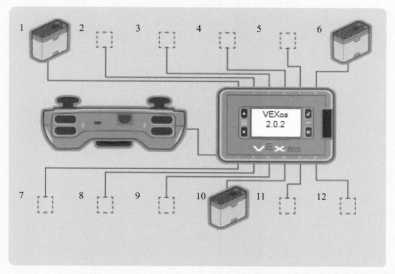

图8.18　电机与遥控硬件更新

④ 选择 "Robot->VEX IQ Controller Mode->TeleOP-Romote Controller Required"。远程遥控模式选择如图 8.19 所示。

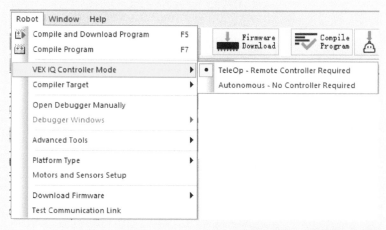

图8.19　远程遥控模式选择

⑤ 编写程序。

a. 将左侧函数列表框中循环结构 repeat（forever）拖入到程序编辑界面。

b. 将 Remote Control 函数组中 arcadeControl 函数拖入到循环结构的大括号中，选择参数 1 为 ChA，选择参数 2 为 ChC，阈值设为 20。

c. 将 Remote Control 函数组中 armControl 函数拖入到循环结构的大括号中，选择电机参数 1 为 armMotor，选择参数 2 为 BtnEUp，选择参数 3 为 BtnEDown，速度为 70。如图 8.20 所示。

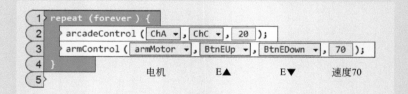

图8.20　armControl遥控程序

⑥ 打开控制器和遥控器，单击下载  按钮，将程序下载到基础小车中，就可以遥控小车了。

144

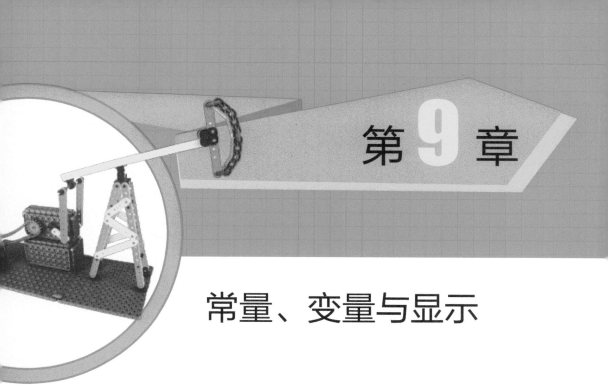

第 9 章

常量、变量与显示

在程序中，不同类型的数据既可以以常量形式出现，也可以以变量形式出现。常量是指在程序中执行期间值不能发生变化、具有固定值的量。变量则是指其值可以变化的量。变量是程序设计中的重要因素，任何复杂程序都有变量的参与。

在控制器屏幕显示各种返回值，便于调试程序，也可以显示文本等。

9.1 常量与变量

变量列表如图 9.1 所示。

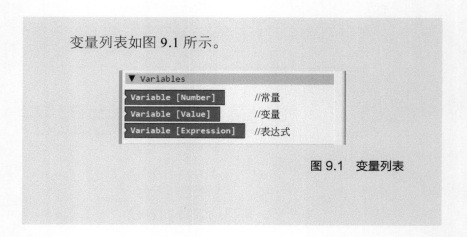

图 9.1 变量列表

9.2 显示

显示列表如图 9.2 所示。

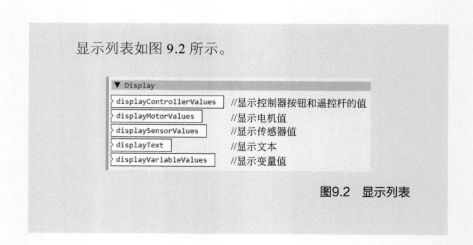

图 9.2 显示列表

【例 9.1】　机器人转弯 90°。如图 9.3 所示。搭建步骤参考附录 1。

图9.3　机器人小车

利用陀螺仪，控制机器人转弯 90°，但由于机器人转弯惯性，机器人实际转弯经常会超过 90°。如果引入变量，将机器人转弯 90°分三次转，速度越来越小，接近 90°时，机器人慢慢转，就可以减少惯性的影响。

① 新建文件 example-9-1.rbg。

② 电机与传感器设置，见表 9.1。

表9.1　端口设置

端口 （Port）	名字 （Name）	类型 （Type）	方向 （Reversed）	驱动电机位置 （Drive Motor Side）
motor12	leftMotor	VEX IQ Motor	☐	Left
motor6	rightMotor	VEX IQ Motor	☑	Right
port1	gyroSensor	Gyro Sensor		
port5	touchLED	Touch LED		

147

③ 硬件检测，如图 9.4 所示。

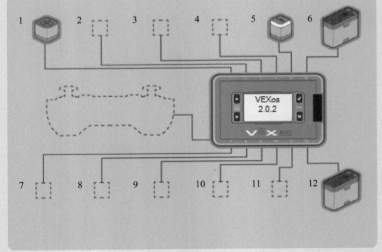

图9.4　硬件检测

④ 程序设计，如图 9.5 所示。

1	x ▾ = 50 ;	//定义变量x并赋初值50
2	y ▾ = -50 ;	//定义变量y并赋初值50
3	z ▾ = 30 ;	//定义常量z并赋值50
4	setTouchLEDColor (touchLED ▾ , colorRed ▾);	//设置触屏LED为红色
5	waitUntil (getTouchLEDValue(touchLED) ▾ == ▾ true);	//按下触屏LED
6	setTouchLEDColor (touchLED ▾ , colorGreen ▾);	//设置触屏LED为绿色
7	forward (1 , seconds ▾ , 50);	//前进1秒，速度50
8	repeat (3 ⬍) {	//重复3次
9	resetGyro (gyroSensor ▾);	//重置陀螺仪
10	setMotor (leftMotor ▾ , y);	//左电机速度为变量y的值
11	setMotor (rightMotor ▾ , x);	//右电机速度为变量x的值
12	waitUntil (getGyroHeading(gyroSensor) ▾ >= ▾ z ⬍);	//左转直到30度
13	x ▾ = x ▾ - ▾ 20 ;	//x=x-20
14	y ▾ = y ▾ + ▾ 20 ;	//y=y+20
15	}	
16	stopAllMotors ( );	//停止
17		

图9.5　程序设计

【例 9.2】 *a*=10，*b*=20，计算 *c*=*a*+*b* 并显示。

① 新建文件 example-9-2.rbg。

② 程序设计，如图 9.6 所示。

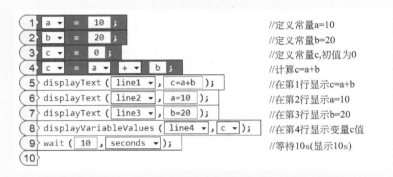

行	程序	注释
1	a ▾ = 10 ;	//定义常量a=10
2	b ▾ = 20 ;	//定义常量b=20
3	c ▾ = 0 ;	//定义常量c,初值为0
4	c ▾ = a ▾ + ▾ b ;	//计算c=a+b
5	displayText (line1 ▾ , c=a+b);	//在第1行显示c=a+b
6	displayText (line2 ▾ , a=10);	//在第2行显示a=10
7	displayText (line3 ▾ , b=20);	//在第3行显示b=20
8	displayVariableValues (line4 ▾ , c);	//在第4行显示变量c值
9	wait (10 , seconds ▾);	//等待10s(显示10s)
10		

图9.6　程序设计

【例 9.3】 制作一个计数器，每秒显示一个数，最大值为 10。

程序设计如图 9.7 所示。

行	程序	注释
1	a ▾ = 0 ;	//定义变量a=0
2	repeat (10 ⬍) {	//重复10次
3	a ▾ = a ▾ + ▾ 1 ;	//a=a+1
4	displayVariableValues (line3 ▾ , a);	//在第3行显示变量值
5	wait (1 , seconds ▾);	//等待1s
6	}	
7		

图9.7　程序设计

第**10**章

VEX IQ 竞赛机器人搭建

10.1　VEX IQ机器人竞赛　◀◀◀

╬ 10.1.1　VEX 机器人世界锦标赛

　　VEX 机器人世界锦标赛由一些长期支持科技教育的大学、机构和组织发起，由美国 Robotics Education & Competition Foundation（REC）主办，旨在通过推广教育型机器人，拓展中小学学生和大学生对科学、技术、工程和数学领域的兴趣，提高并促进青少年的团队合作精神、领导才能和解决问题的能力。这项在美国甚至全球都极具影响力的世界级机器人大赛得到亚洲机器人联盟、美国 Autodesk 公司、美国太空总署（NASA）、美国易安信公司（EMC）、卡内基梅隆大学（CMU）、Innovation First, Inc. 等单位协办和支持。它于 2007 年在美国创办，每年都吸引着全球 30 多个国家上百万青少年参与选拔，角逐参加 VEX/VEXIQ 机器人世界锦标赛的荣誉席位。

10.1.2 VEX IQ 机器人

VEX IQ 机器人是一项全面培养青少年 STEM（科学、技术、工程、数学）的团队竞技活动，与乐高 NXT、BDS 智能机器人、VEX 金属机器人前后紧密衔接、课程循序渐进，是国际上认可的教育型机器人。它从乐高机器人个人的"单打独斗"过渡到团队合作，2 个人一组，互相配合，培养孩子的伙伴意识。VEX IQ 机器人源自美国，具有丰富的组件，可操作性和灵活性极强，同时器材结构又非常简单，体现了西方人的教育理念：用最简单的器材，做出最复杂的作品，对孩子的创造力是一种极大的考验。

正常情况下，孩子系统学习一年后，通常就可参与 VEX IQ 比赛，边比赛边学习。具体情况需要根据孩子的学习情况，从参加区市级比赛开始，然后参加全国赛、亚锦赛，最后取得世锦赛资格，参加美国举办的世锦赛，让孩子有一个循序渐进的过程。当然也不排除孩子的接受能力很强，学习半年就达到参赛的水平，通过实时关注孩子的学习进度，可适时调整孩子的学习计划。

参加比赛想要取得优异成绩，首先团队队员的选拔非常重要，需要根据学生性格搭配能够团结协作的选手，其次比赛训练需要家长的支持与配合，并指导学生赛前训练，最后队员训练刻苦是取得好成绩的关键因素，正是"一分辛苦一份收获"。

▶ 10.1.3　VEX/VEX IQ比赛

　　VEX IQ比赛的对抗性稍弱，比赛时间为1分钟，每个人30秒轮流操控，更加注重团队合作，要求每个成员能力均衡。在VEX IQ比赛之前，要求参加竞赛的代表队自行设计、制造机器人并进行编程；要求参赛的机器人既能自动程序控制，又能通过遥控器控制，并可以在特定的竞赛场地上，依照即定的规则进行竞赛活动。VEX IQ机器人竞赛形式多元化，资格赛结束后，参赛队根据其排名晋级决赛，比出总冠军。VEX IQ比赛分小学组和初中组，小学组竞赛对抗性稍弱，更加注重团队之中每个人力量的均衡，这也彰显出VEX IQ机器人竞赛的人性化设置；初中组竞赛互动性强，对抗激烈，每场比赛均惊险刺激。VEX IQ机器人竞赛传递的理念是重视体验过程，而非仅仅是胜负成败。在比赛中，学会欣赏对手、肯定自己，积累经验，学会总结不足和改进，不断提高自身综合能力，将创新构想运用到机器人的搭建中。比赛均以团队的形式展开，通过团队协作，共同完成任务，锻炼孩子们的团队意识以及团队合作能力。

10.2　2018-2019 VEX IQ "更上层楼" 竞赛机器人搭建 ◀◀◀

▶ 10.2.1　"更上层楼" 竞赛基本任务

　　（1）"更上层楼" 机器人要求

　　大小：11in×20in×15in（279mm×508mm×381mm）；

电机个数：最多6个电机；

控制器：1个；

材料：VEX IQ官方采购零件。

（2）"更上层楼"场地要素（图10.1）

17个桶（Hub），15个普通桶在地面上，2个加分桶在悬挂杆两端；

两个堆叠区域（Building Zone）；

一根悬挂杆（Hanging Bar）；

一个停泊区（Parking Zone）。

（3）"更上层楼"得分

普通橘桶低分区计1分；

普通橘桶高分区计2分；

加分黄桶从加分桩移除计1分；

加分黄桶低分区计2分；

加分黄桶高分区计4分；

机器人停泊计1分；

低挂计2分；

高挂计4分。

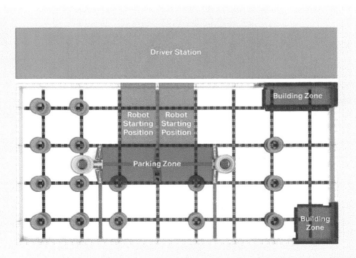

图10.1　场地初始位置

▶ 10.2.2 "更上层楼"竞赛机器人搭建

根据规则要求，竞赛机器人需具备以下功能：

前后左右运动功能；

拾取地面橘色桶和杆上黄桶的功能；

码垛功能；

过坎功能；

上挂功能。

根据功能，机器人设计应包括运动底盘设计、机械臂设计、拉钩设计和挂钩设计。

（1）底盘设计

底盘为双电机驱动，轮子采用全向轮、链条传动，优点是运动灵活，传动结构易于排列。为了提高速度，采用加速传动，由24齿带动16齿的链轮，如图10.2所示。

图10.2　移动底盘

传动比：i=24/16=1.5。如果主动链轮输出速度为100，则车轮输出速度为100×1.5=150。经过反复试验，在车速提高1.5倍的情况下，机器人带上2、3个桶依然可以顺利过坎。

由于受空间限制，链轮安装位置呈三角形结构，我们将大链轮装在后轮位置，利用支撑柱预紧链轮，防止产生"脱齿"现象，同时起到支撑作用。

（2）机械臂设计

机械臂的作用是拾取地面上的桶、杆上的黄桶以及码垛功能。

机械臂的长度取决于安装位置和杆上黄球的最高位置。机械臂的最高位置如图10.3所示。

图10.3　机械臂的最高位置

考虑原则：车长20in的限制，即机械臂处于水平位置时，整个车长限定在20in（508mm）以内，在车长范围内，机械臂尽可能长。

要想准确拾取桶和码垛，机械手必须时刻处于水平位置（图10.4）。采用平行四边形机构实现机械手水平，机械手最低位置见图10.5，机械手最高位置见图10.6。由于安装限制，实际近似平行四边形机构，可以完成竞赛任务。

图10.4　机械臂水平位置

图10.5　机械手最低位置

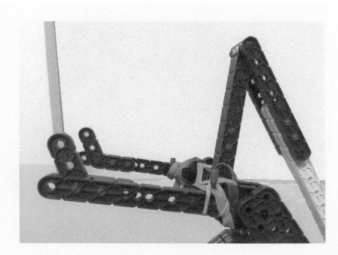

图10.6　机械手最高位置

机械臂不仅完成拾取桶的功能，还要实现向上挂车功能。因此需要机械臂力矩要大。经过反复试验，采用双电机直接驱动机械臂无法将车吊起，所以采用减速装置实现机械臂力量大的要求。

传动比=从动轮齿数/主动轮齿数=主动轮转速/从动轮转速。

机械臂采用小齿轮带动大齿轮实现减速功能。齿数分别为：$Z_1=12$，$Z_2=60$。传动比为：$i=Z_2/Z_1=60/12=5$。

如果电机输出速度为±100（主动轮转速为±100），则机械臂速度（从动轮转速）为100/5=±20。

如果将小齿轮放到下方，当车上挂时，机械臂受力变形，两个齿轮会脱离啮合，而不能达到上挂的目的，所以要将机械臂安装在大齿轮上(图10.7)。将小齿轮放到大齿轮上方，当机械臂受力时，齿轮啮合为紧紧贴合状态，这样，可以保证齿轮时时处于较好的啮合状态。

图10.7　机械臂齿轮安装

（3）拉钩设计

四钩车为前面2个钩和后面2个钩（图10.8），可以同时拖4个桶。要求拉钩的传动采用减速传动。因为机器人拖桶时是倒退着走，所以后钩推着桶走，需要力较小；然而后钩拉着桶走时，需要相对大一些的力，否则过坎时桶会脱落。

前钩$Z_1=12$；$Z_2=60$。传动比为：$i=Z_2/Z_1=60/12=5$。

电机输出速度为±100，钩输出速度为±100/5=±20。

后钩$Z_1=12$；$Z_2=36$。传动比为：$i=Z_2/Z_1=36/12=3$。

电机输出速度为±100，钩输出速度为±100/3=±33。

图10.8　前钩和后钩

（4）挂钩设计

挂钩设计采用翻转90°上挂的方式（图10.9）。这种结构设计需要车的重心靠后边，钩的位置在达到杆的位置后尽量接近车重心位置。经过多次试验，利用控制器和电池来调整车的重心位置，最终可将车高挂。

图10.9　上挂方式

（5）整体结构

整体结构结实耐用。尽量用双格板作为支撑结构，而机械臂的支撑部分需要采用四格板作为支撑板，车侧边两个20的单孔梁就是起到加强筋的作用，使车成为三角形稳定结构。总之，整体结构尽量小而灵活、稳定，又能实现所有竞赛任务为最佳。

机器人搭建（搭建过程参考附录6），根据搭建步骤搭建的机器人如图10.10所示。

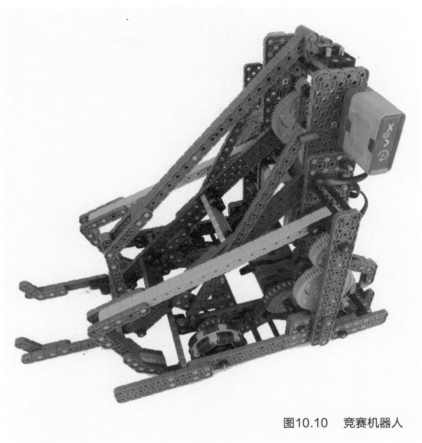

图10.10　竞赛机器人

10.3　2017—2018 VEX IQ "环环相扣" 竞赛机器人搭建 ◄◄◄

2017—2018 VEX-IQ "环环相扣" 机器人竞赛规则于 2017 年 5 月初公布，比赛内容为 "环环相扣"。比赛在图10.11所示的场地上进行。机器人技能挑战赛和团队协作挑战赛均使用相同的场地。在团队协作挑战赛中，两台操作

手控制的机器人组成联队一起完成任务。在机器人技能挑战中，一个机器人尝试尽可能多地得分。 这个比赛包括完全由操作手控制的遥控技能比赛和尽量独立自主的自动编程技能比赛。

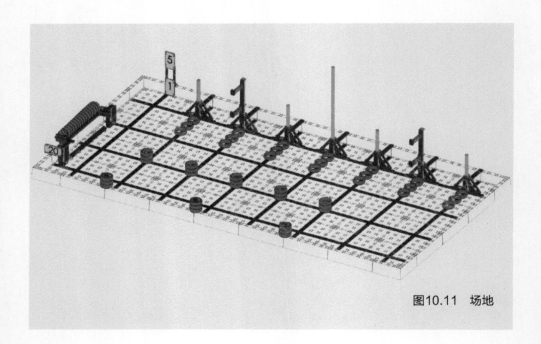

图10.11 场地

➤ 10.3.1 "环环相扣"比赛基本任务

（1）比赛基本内容

① 团队协作挑战赛 团队协作挑战赛的每场比赛有两支参赛队组成联队参赛，获取得分。团队协作挑战赛包括练习赛、资格赛和决赛。资格赛结束后，参赛队按照其表现排名，排名在前的参赛队参加决赛，决出团队协作冠军。参加决赛的队数由赛事组织者决定。

② 机器人技能挑战赛　在这个比赛中参赛队伍将在60s时间内尽可能多地获得分数，这个比赛将包括完全由操作手控制的手动技能挑战赛和完全自主编程控制的（不能使用遥控器）编程技能挑战赛，每场比赛只能有一台机器人在场。每种挑战赛的优秀参赛队将获得奖励。根据裁判对总体表现的评价也可获奖。

每一个VEX IQ挑战比赛包含下面内容（比赛场地如图10.12所示）：

- 60个得分圈；
- 红、绿、蓝每种颜色的得分圈各20个；
- 15个得分圈起始在附加区域；
- 9个得分圈起始在颜色相同得分圈的起始区域处；
- 36个得分圈起始在赛场上的指定地点；
- 1个地面得分区域；
- 4个低柱子；
- 2个水平柱子；

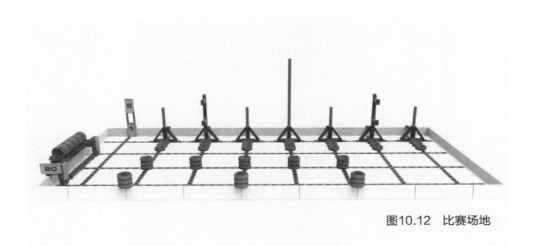

图10.12　比赛场地

• 1个高柱子；

• 3个起始钉；

• 1个附加得分区域。

（2）"环环相扣"比赛计分规则

• 每一个进入地面得分区域的得分圈计1分。

• 每一个悬挂在高分区域的得分圈计5分。

• 如果在同一个高分区域的得分圈颜色相同，所在相同颜色的区域的得分圈每个计10分。

• 每清空一个相同颜色区域的得分圈计5分。

• 清空附加区域的得分圈计20分。

（3）"环环相扣"比赛机器人的检查

机器人是VEX IQ参赛队设计和构建、在赛场上完成特定任务、操作手控制的小车。该机器人只能用VEX IQ平台的零件和来自VEX Robotics的Hexbug生产线的机械/结构元件构成，不允许使用其他零件。参赛前，每台机器人都要通过检查。赛事工作人员可酌定进行其他检查。

每支参赛队只允许使用一台机器人参加VEX IQ挑战赛。虽然参赛队可以在大赛期间修改这台机器人，但每队只能有一台。VEX IQ系统被规定为移动式机器人的设计平台。

为了参赛，VEX IQ机器人具有如下子系统。

子系统1：移动式机器人底盘，包括轮子、履带或其他可使机器人在平坦的比赛场地表面运动的机构。对于静止不动的机器人，没有轮子的基座就可以当作子系统1。

子系统2：动力和控制系统，包括一个正规的VEX IQ电池，一个VEX IQ控制系统和使移动式机器人底盘运动的电机。

子系统 3：操作比赛物品和越过场上障碍的附加的机构（和相应的电机）。

给出上述定义后，参加 VEX IQ 机器人赛事（含技能挑战赛）的最小的机器人必须由上面的子系统 1 和子系统 2 组成。因此，如果打算换掉整个子系统 1 或子系统 2，就构建了第二台机器人，就不再合法了。

比赛开始后，机器人在任何时刻不可以伸展超出 11in×20in 的尺寸限制。不过，机器人在任何时刻可以伸展超出 15in 的高度限制。

注：参赛队必须在整个比赛中把机器人的尺寸保持在 11in×20in 的范围，这是包括所有附属物的全部运动范围。比赛中操作手臂时如果超出这些限制就会使机器人不合法。

10.3.2 2017—2018 "环环相扣" 竞赛机器人搭建

（1）竞赛机器人搭建总则

根据竞赛规则，搭建完成功能的机器人。机器人搭建一般分模块搭建，包括运动底盘、执行机构、支撑结构、定位装置等模块。首先对执行机构进行研制，例如，竞赛任务是套圈，所以取环和套环是执行机构；根据调研和查阅资料，制订几种方案进行实验，将实验效果好的作为最终方案；然后研制底盘，可以采用 3 电机的平移底盘，或标准 2 电机驱动底盘。

（2）"环环相扣" 竞赛机器人搭建实例

机器人搭建（搭建过程参考附录 7）：

图10.13　"环环相扣"竞赛机器人

　　竞赛机器人（图 10.13）包括底盘机构、吸环机构、铲环机构、倒环机构、定位机构和支撑结构等。机器人的特点：吸环灵活，套环稳定，倒环准确。吸环机构可以分颜色拾取环，套在垂直低柱子和水平柱子高杆上，铲环机构可以取墙上的环套在水平柱子低杆上。联赛中单车 1min 的最高得分达到 215 分。

底盘（图 10.14）机构采用平移底盘，由 5 个全向轮和 3 个电机组成。采用 2 个电机驱动，实现前后运动，采用 1 个电机实现平移。为了提高速度，采用增速机构，电机直接驱动 60 齿的齿轮带动 36 齿的齿轮，传动比为 36/60=0.6，后轮的最高速度为 60×100/36 =166。通过 5 个 36 齿的齿轮传递给前轮。采用齿轮传动的优点是结构紧凑，传动效率高。平移采用悬挂装置，使用皮筋迫使平移轮着地，防止由于场地不平、平移轮悬空而导致平移不动的现象。注意，在有相对运动的平面之间均需加垫圈。例如，在齿轮两侧需要加薄垫圈，底盘整体结构要求稳固。

图10.14　底盘

执行机构包括吸环机构、铲环机构和倒环机构，分别采用3个电机驱动。吸环电机采用直驱方式。铲环和倒环电机由于结构限制，采用链条传动。铲环装置和倒环装置均采用减速装置，电机驱动16齿的链轮，带动24齿的链轮，传动比为24/16=1.5，目的是增大扭矩。

10.3.3 其他"环环相扣"竞赛机器人

（1）单杆机器人

单杆机器人特点是操作简单，随机拾取场地上的同一颜色的环，杆上套上6个环后倒一次杆。套环准确，倒环成功率达到100%。不能拾取墙上的环，因此比赛中发挥稳定。联赛1min需要拾取三次和倒三次，最高得分180分。如图10.14所示。

（2）双杆机器人

双杆机器人特点是操作简单，随机拾取场地上的同一颜色的环，双杆上各套上6个环后倒一次杆。由于双杆需要移动钩杆的位置，因此整体结构不稳定，倒环成功率达到95%。缺点是不能拾取墙上的环，环不能套水平柱子的低杆。联赛1min需要拾取2次，倒3次，最高得分180分。如图10.16所示。

图10.15　单杆机器人

图10.16　双杆机器人

（3）三杆机器人

三杆机器人特点是采用光电传感器识别颜色，颜色识别的成功率为 95%，自动赛 1min 分数理论上最高可达 180 分。手动操作相对复杂，三杆上分别套上 6 个环、6 个环、4 个环后，分别倒入 2 个垂直低柱子和一个水平柱子高杆上。由于双杆需要移动钩杆的位置，因此整体结构不稳定，倒环成功率达到 90%。缺点是不能拾取墙上的环，环不能套水平柱子的低杆，颜色识别可能串色，倒杆不稳定。联赛 1min 需要拾取 1 次，倒 3 次，最高得分 180 分。如图 10.17 所示。

图10.17　三杆机器人

10.4　2016—2017"极速过渡"竞赛机器人搭建 ◄◄◄

▶ 10.4.1　"极速过渡"比赛基本任务

　　2016—2017 VEX IQ 比赛主题为"极速过渡"，场地分为两块：橙色得分区和蓝色得分区。两支队伍将自己场地的六角球运送到对方场地，然后将对方运送过来的球放入到自己场地的篮筐中，最后两台机器人要停在场地中间的桥上且保持桥的平衡。这很考验机器人的速度和精准度，也考验两支队伍的默契度。场地如图 10.18、图 10.19 所示。

图10.18　比赛场地（1）

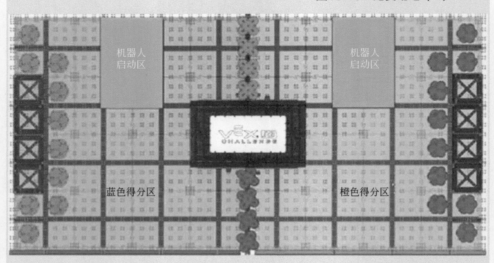

图10.19　比赛场地（2）

▶ 10.4.2 "极速过渡"竞赛机器人搭建

机器人搭建（搭建过程参考附录 8 ）：

图10.20　竞赛机器人

　　根据竞赛任务，竞赛机器人具有铲球和放球功能。它由移动底盘、铲球装置、低筐装置和高筐装置 4 个模块组成。移动底盘采用平移底盘，2 个电机驱动前后运动，1 个电机驱动左右运动。平移通过齿轮带动 2 个全向轮实现左右运动。前后轮采用 5 个齿轮传动。如图 10.20 和图 10.21 所示。

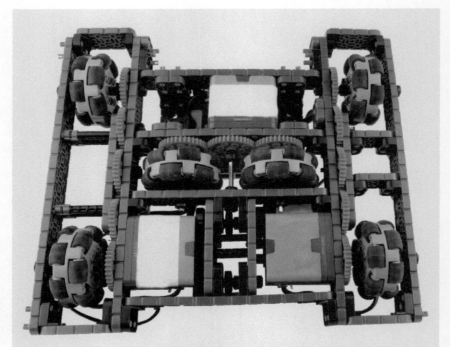

图10.21　底盘

　　执行机构包括铲球机构、低筐机构和高筐机构，分别采用 3 台电机驱动。为了增大扭矩，均采用减速装置。铲球机构齿轮传动比为 48/24=2。低筐和高筐装置的齿轮传动比为32/8=4。铲球装置采用皮筋助力。低筐机构下面的垫板的作用是存放 4 个球，高篮筐放 2 个球，铲子上放 2 个球。共 8 个球过桥。其中在低筐上的 2 个球，倒入中篮筐内得 5×2=10分，剩余 2 个球滑到低篮筐内得 3×2=6 分。高篮筐 2 个球倒入高篮筐，铲子上 2 个球倒入高篮筐，得分 4×5=20 分。用铲子推掉墙上 8 个球，得 8 分，上桥平衡 25 分。所以联队比赛单车最高分 69 分。

附　　录

▶ 附录1　基础小车

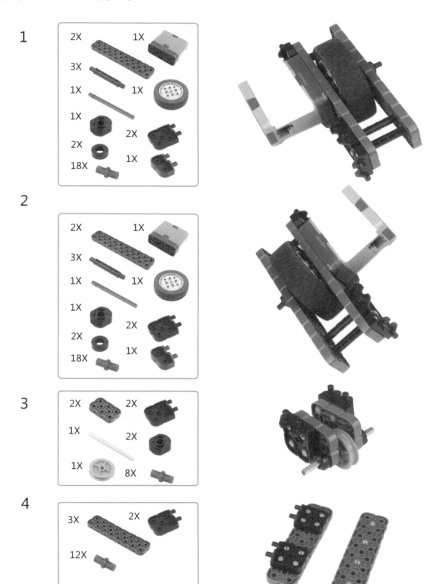

1

2X   1X
3X
1X   1X
1X
2X   2X
18X   1X

2

2X   1X
3X
1X   1X
1X
2X   2X
18X   1X

3

2X   2X
1X   2X
1X   8X

4

3X   2X
12X

8

9

▸ 附录2　跷跷板

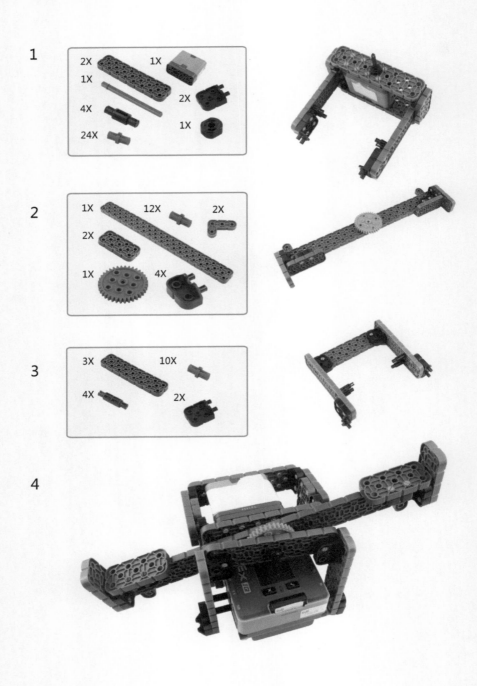

1　2X　1X　1X　2X　4X　1X　24X

2　1X　12X　2X　2X　1X　4X

3　3X　10X　4X　2X

4

5

6

附录3 平移小车

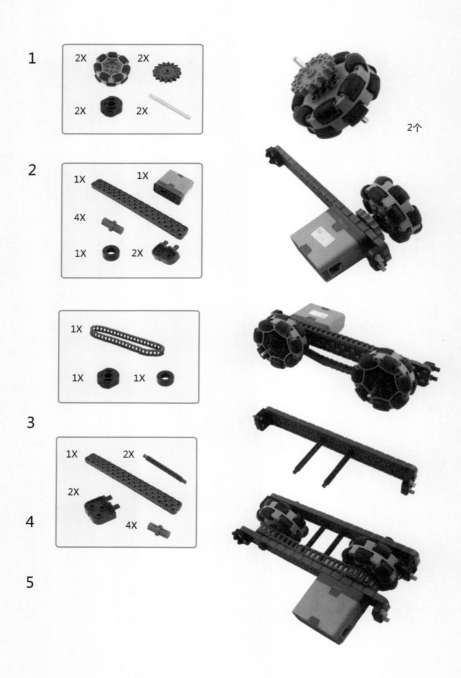

1

2X 2X
2X 2X

2个

2

1X 1X
4X
1X 2X

1X
1X 1X

3

1X 2X
2X
4X

4

5

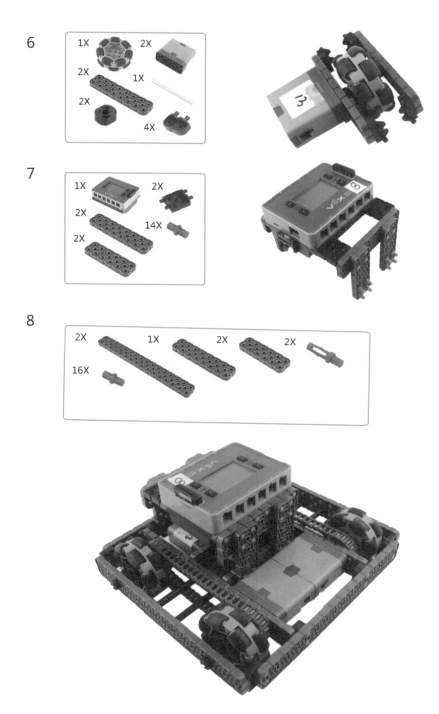

✈ 附录4 简单小车

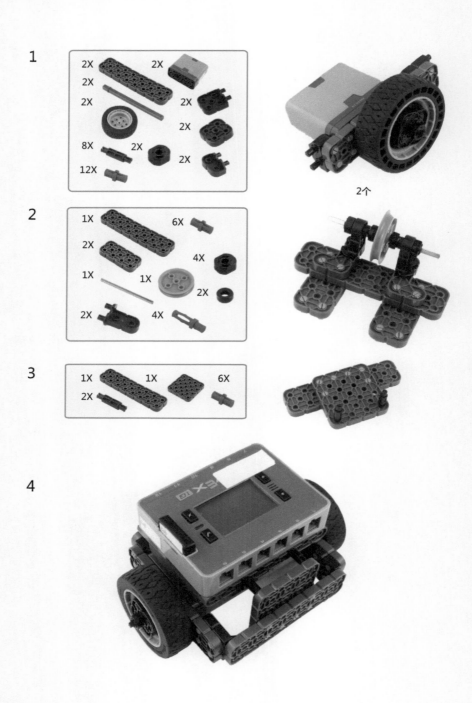

▸ 附录5　带机械手机器人

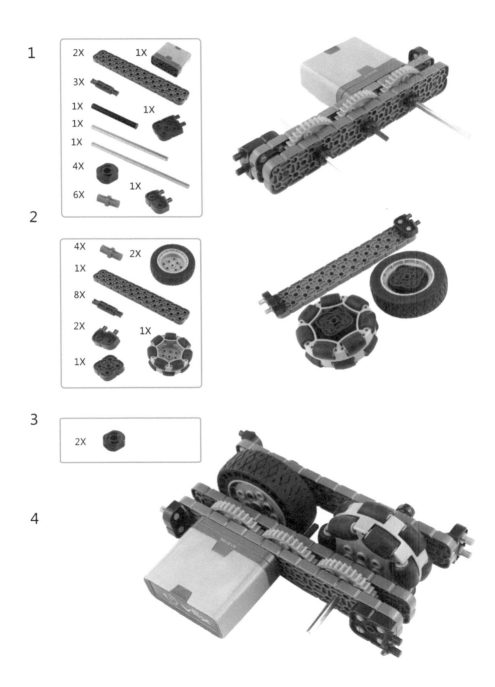

5   同1～4步骤对称搭建

6

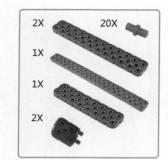

7

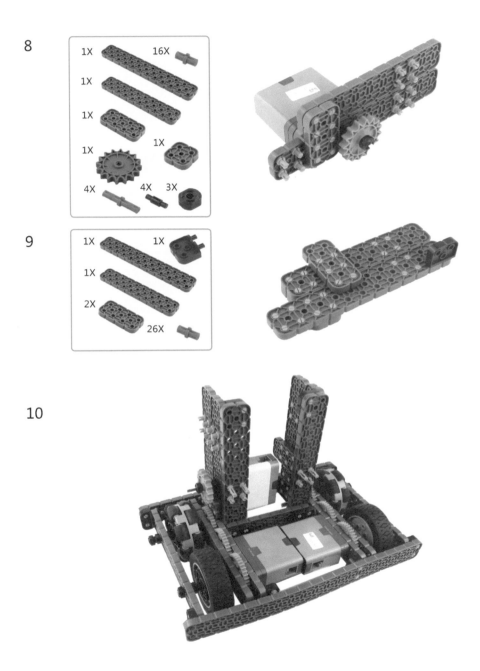

8

1X　　16X

1X

1X

1X　　1X

4X　4X　3X

9

1X　　1X

1X

2X

26X

10

11

12

13

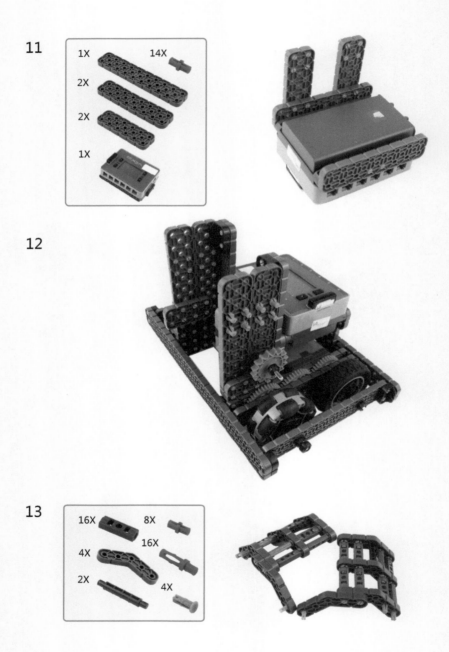

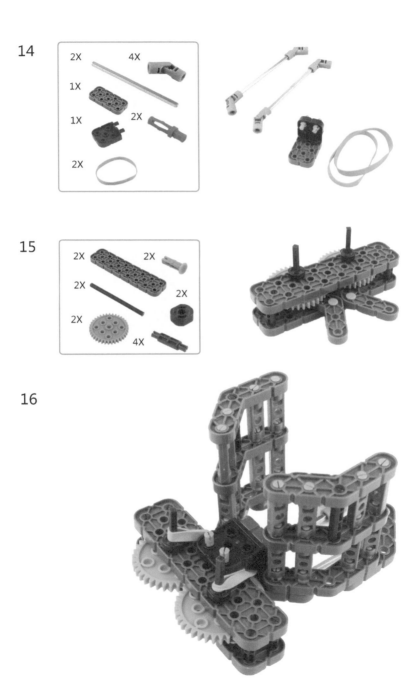

14

2X　　4X

1X

1X　2X

2X

15

2X　　2X

2X

2X

2X

4X

16

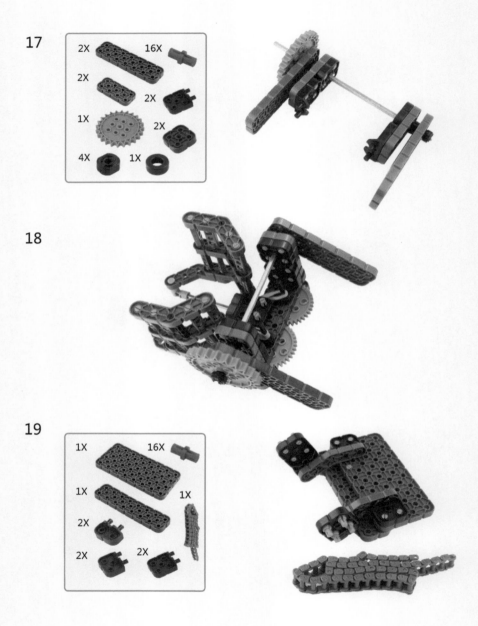

20

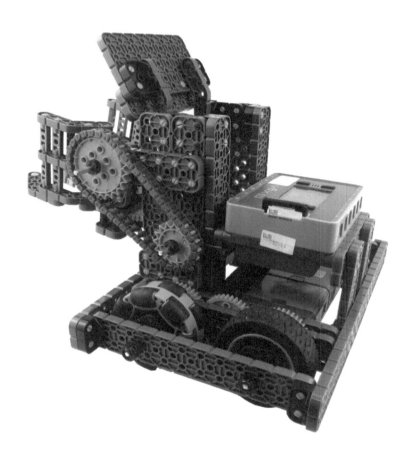

➡ 附录6　机器人

　　该机器人是编者在2018—2019年度搭建的最新冠军车型，获得的主要荣誉：武汉ROBCOM机器人大赛VEX IQ初中组冠军；北京亦庄举办的国际机器人大会VEX IQ小学组总冠军；北京举办的华北赛VEX IQ小学组和初中组冠军；上海举办的VEX IQ中国赛小学组冠军；澳门亚锦赛VEX IQ初中组冠军。

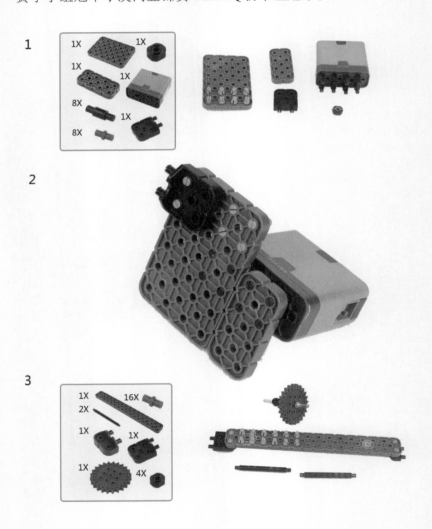

4

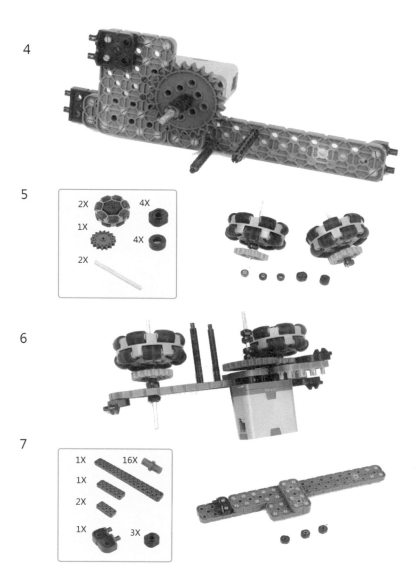

5

6

7

8

9

10

11

1X

4X

16X

12

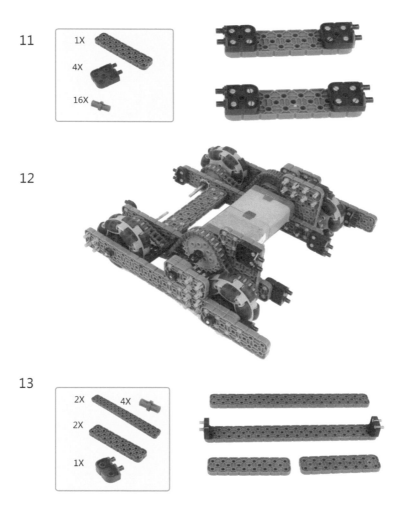

13

2X　4X

2X

1X

14

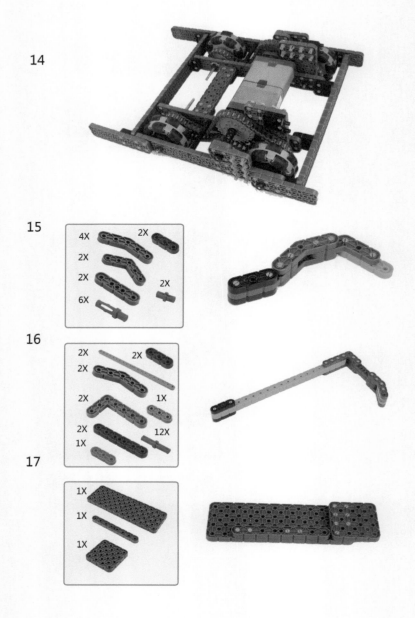

15

16

17

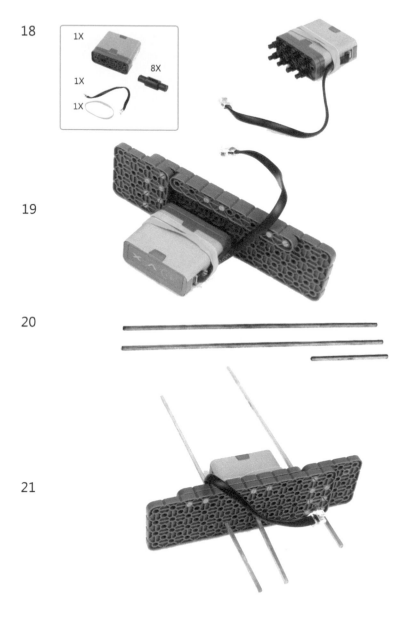

18

1X

8X

1X

1X

19

20

21

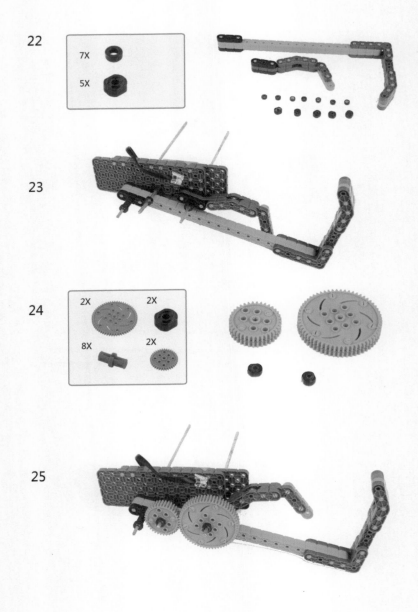

22

7X

5X

23

24

2X   2X

8X   2X

25

26

27

28

29

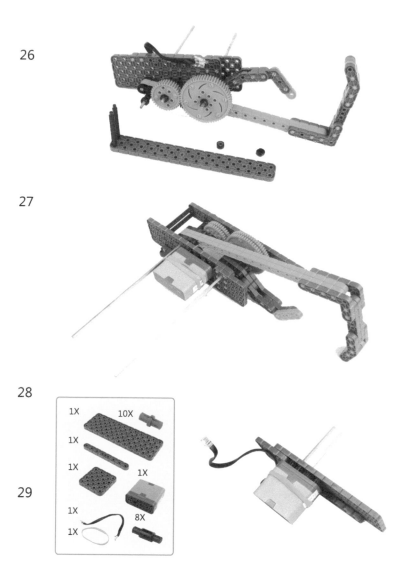

30

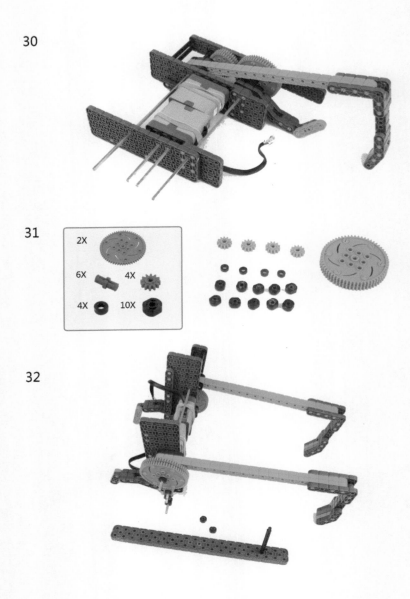

31

32

33

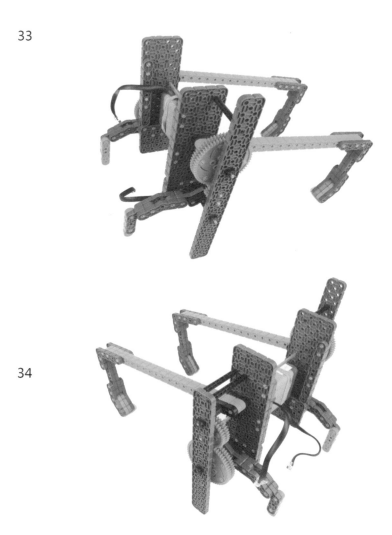

34

35

36

37

4X
4X
8X　2X

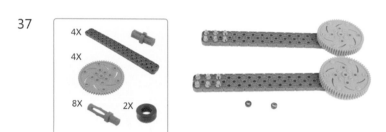

38

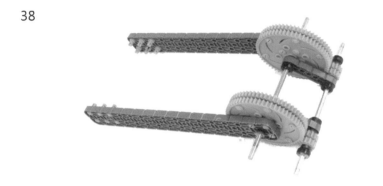

39

1X
8X
1X　8X

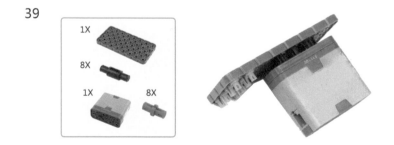

40

41

42

43

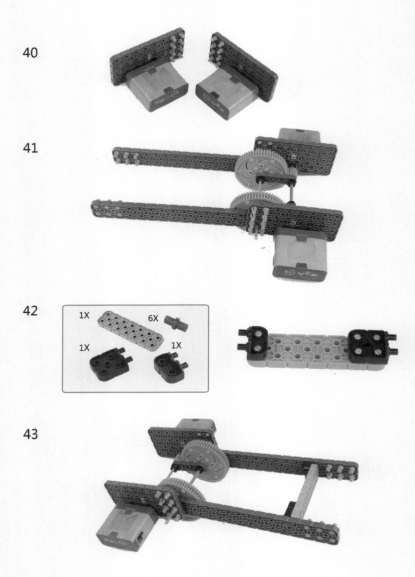

44

2X		2X
2X		
1X		2X
6X		6X

45

46

2X		
1X		
1X		4X
2X		
11X		4X

47

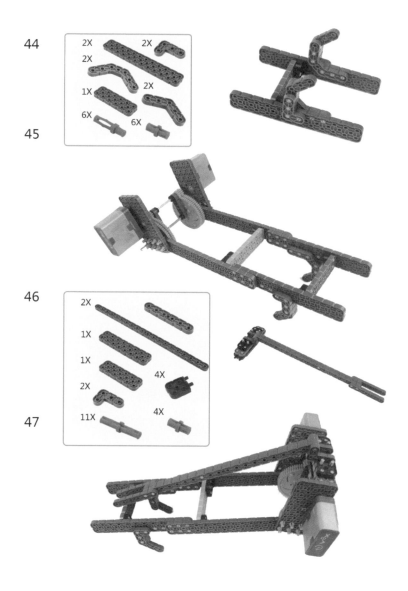

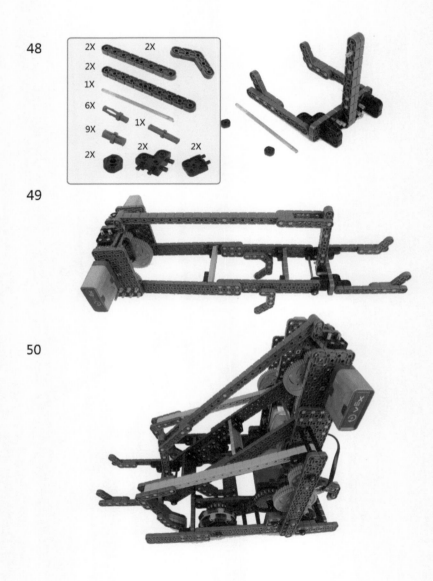

51

2X

4X

52

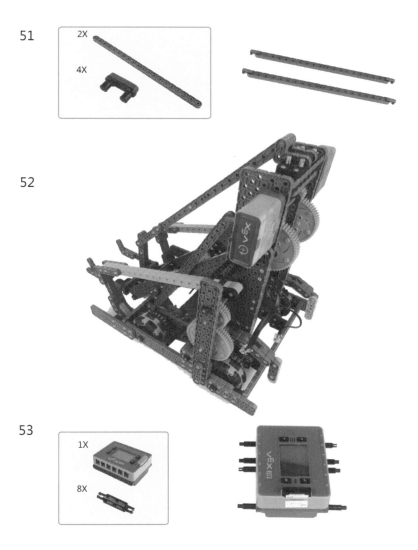

53

1X

8X

54

55

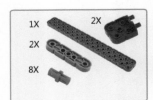

56

57

▶ 附录7 "环环相扣"竞赛机器人

1

2X

1X

32X

2

2X

8X

4X

2X

2X

3

4

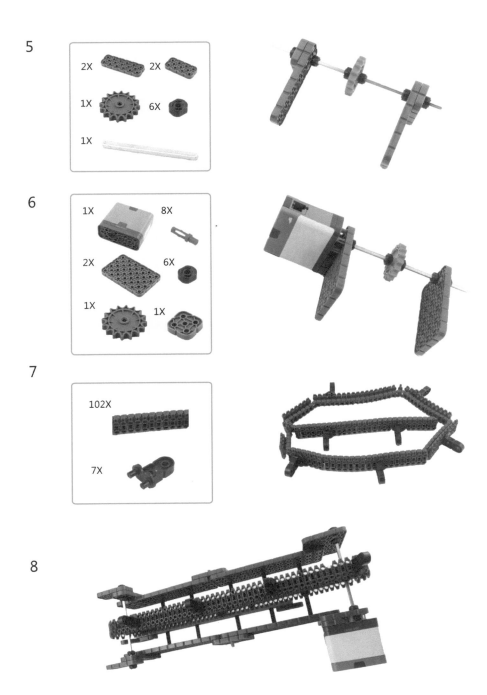

5　2X　2X　1X　6X　1X

6　1X　8X　2X　6X　1X　1X

7　102X　7X

8

9

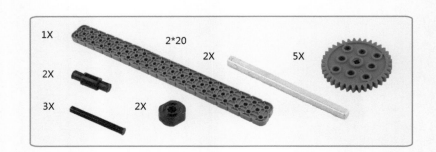

10

11

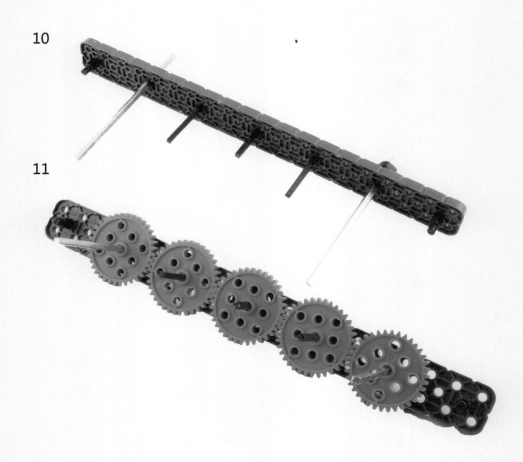

12

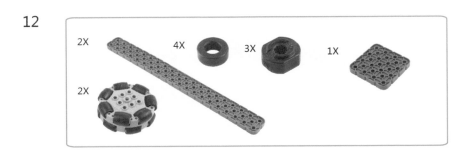

13

14

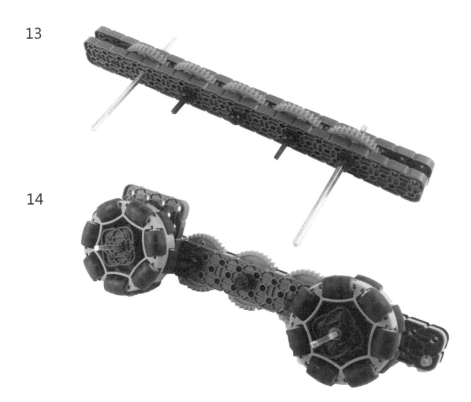

15

16

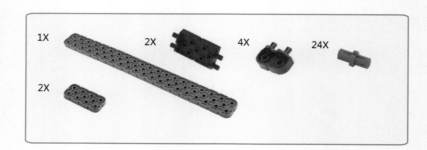

17

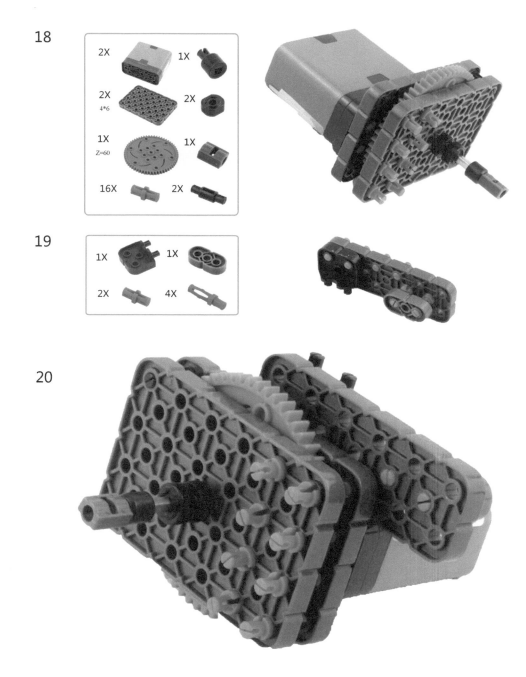

18

2X

1X

2X
4*6

2X

1X
Z=60

1X

16X

2X

19

1X

1X

2X

4X

20

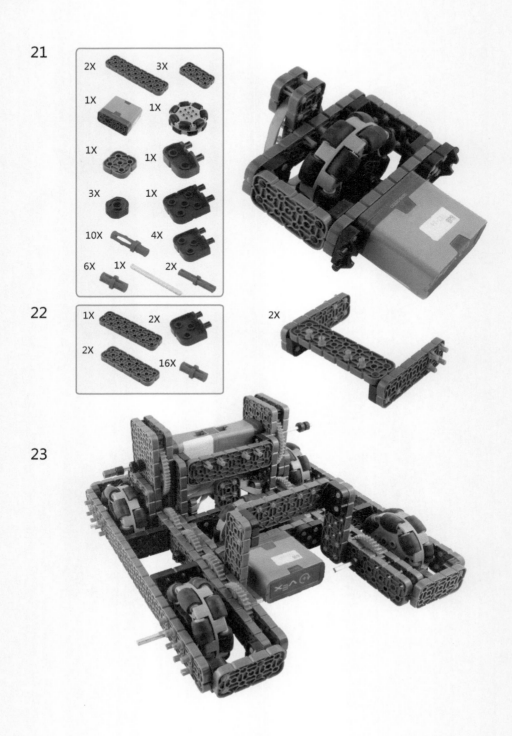

24

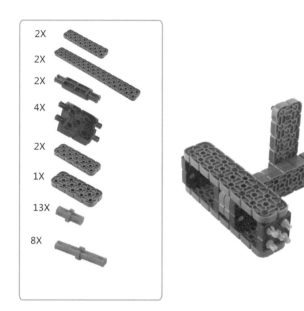

2X
2X
2X
4X
2X
1X
13X
8X

25

26

27

28

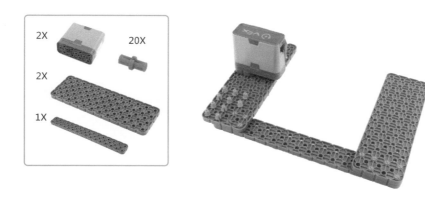

29

30

31

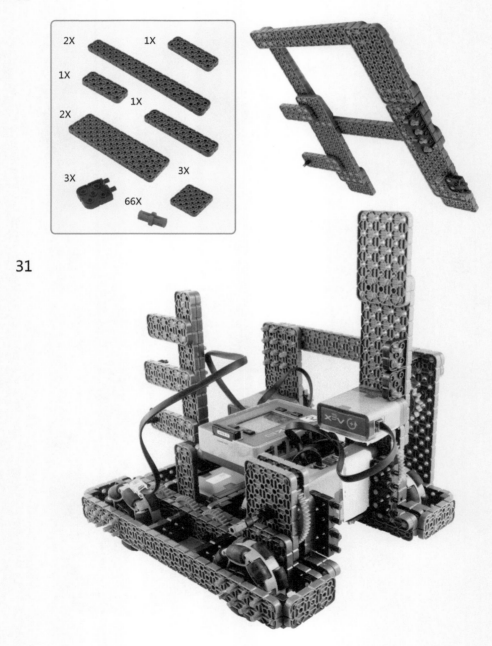

32

2X　　　1X

1X

1X　　　6X

33

2X　2X　4X
2X
2X
2X
2X　2X
3X　10X

34

2X

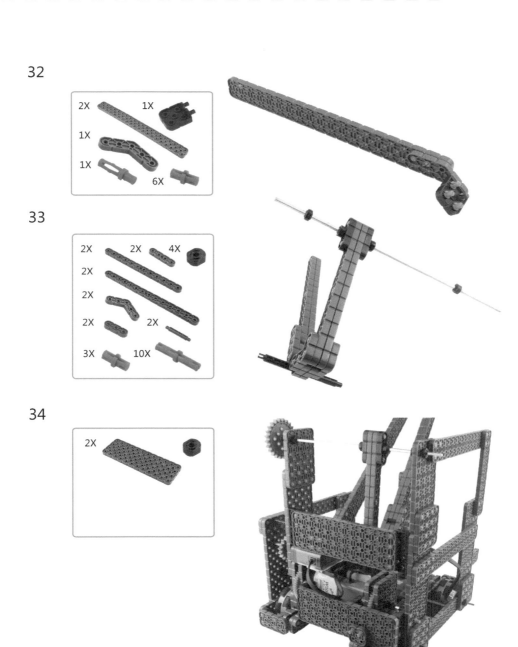

35

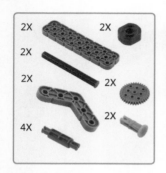

36

37

38

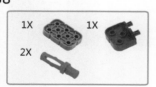

39

40

2X   2X

1X

2X

41

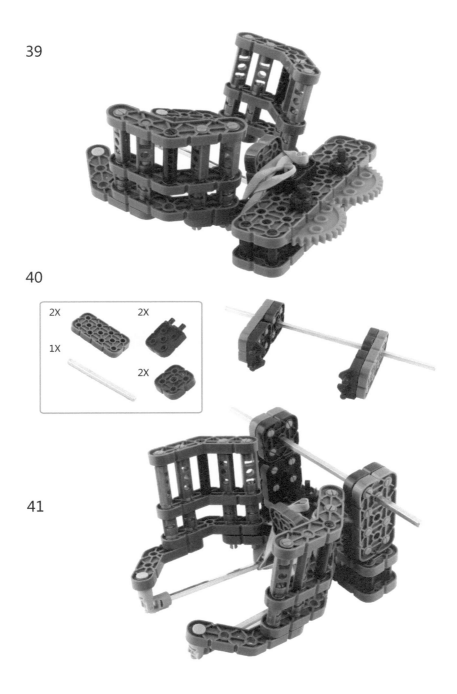

42

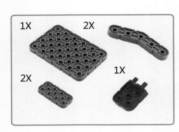

43

44

45

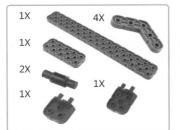

46

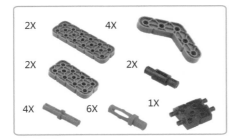

47

48

49

50

▶ 附录8 "极速过渡"竞赛机器人

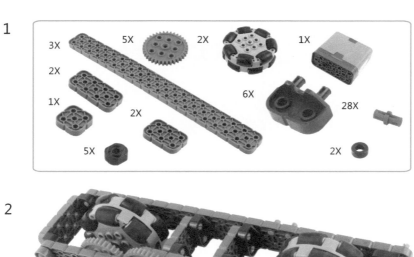

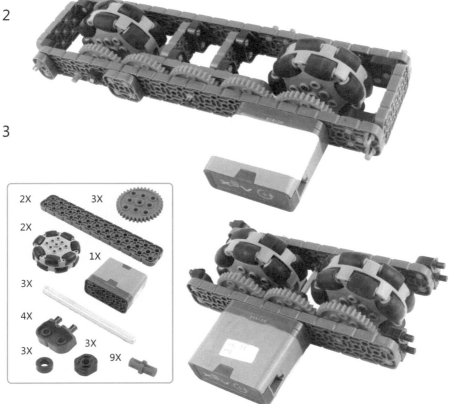

4

2X 1X 2X 20X
2X 4X 4X
4X
2X 2X 2X

5

6

1X 4X
2X
2X 4X
1X
1*8
4X 6X
50X

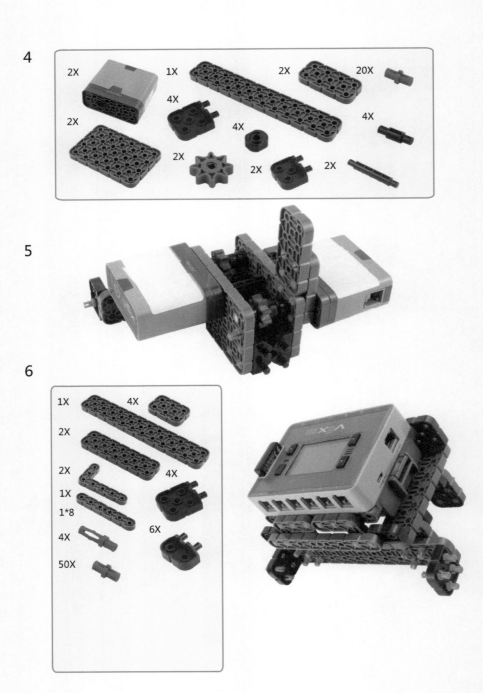

7

8

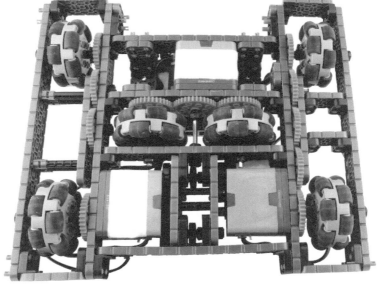

9

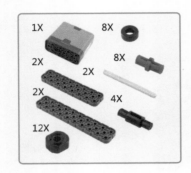

10

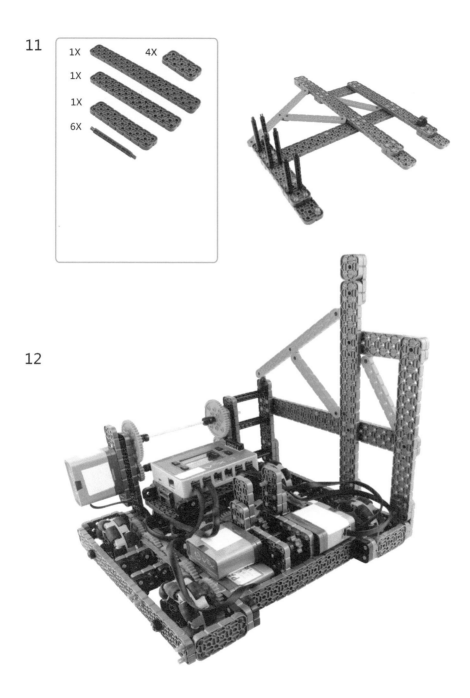

11

1X　　　4X

1X

1X

6X

12

13

1X

1X

1X

4X

4X

14

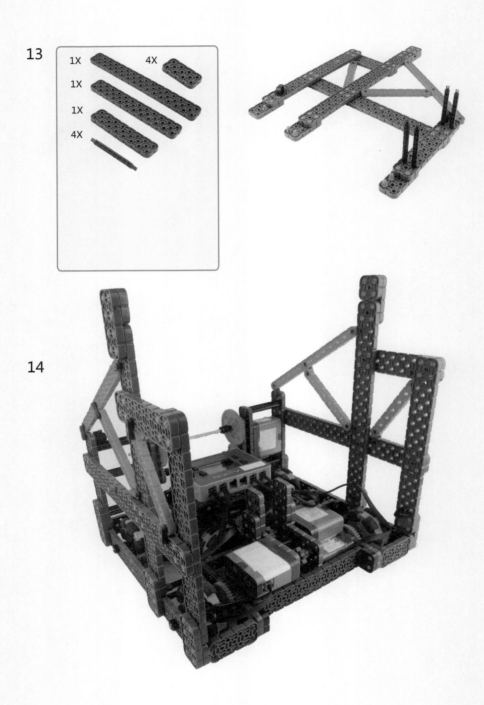

15

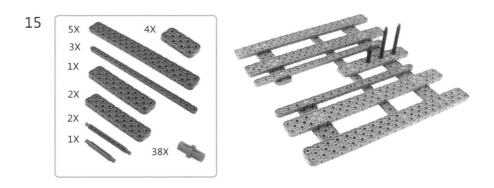

16

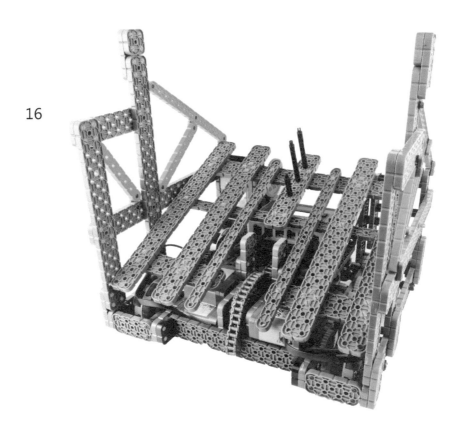

17

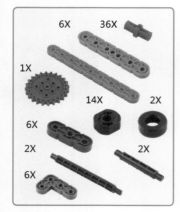

1X

18

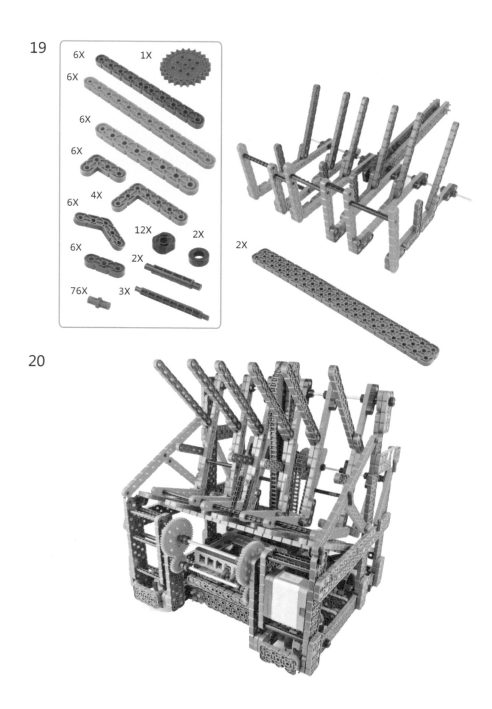

19

6X 1X

6X

6X

6X

4X

6X

12X 2X

6X 2X

76X 3X

2X

2X

20

21

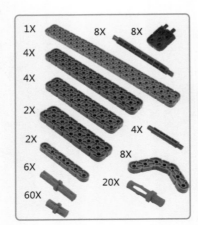

22

参考文献

[1] 码高机器人教育 VEX-IQ 创意编程与精彩实例 [M]. 北京：机械工业出版社，2017.

[2] 覃祖军. VEX-IQ 机器人创客教程 [M]. 北京：机械工业出版社，2017.

[3] 郑阿奇，丁有和，郑进，等. VISual C++ 实用教程 [M]. 第3版. 北京：电子工业出版社，2009.

[4] 丁继斌. 传感器 [M]. 北京：化学工业出版社，2012.

[5] 于靖军. 机械原理 [M]. 北京：机械工业出版社，2013.

[6] 罗红专. 机械设计基础 [M]. 北京：机械工业出版社，2016.